适可而止

10步摆脱情感操纵

IO NON CI STO PIÙ

[意] 罗伯塔·布鲁佐内 —— 著　　梁颢轩 —— 译

人民日报出版社
北京

图书在版编目(CIP)数据

适可而止：10 步摆脱情感操纵 /（意）罗伯塔·布鲁佐内著；梁颢轩译. —北京：人民日报出版社,2021.5
ISBN 978-7-5115-6962-2

Ⅰ.①适… Ⅱ.①罗…②梁… Ⅲ.①情感-通俗读物 Ⅳ.①B842.6-49

中国版本图书馆 CIP 数据核字(2021)第 051764 号

著作权合同登记号 图字：01-2021-1148
World copyright © 2019 DeA Planeta Libri S.r.l., Novara

书　　名：	适可而止：10 步摆脱情感操纵
	SHIKE ERZHI:10 BU BAITUO QINGGAN CAOZONG
著　　者：	[意]罗伯塔·布鲁佐内
译　　者：	梁颢轩
出 版 人：	刘华新
责任编辑：	毕春月　苏国友
出版发行：	人民日报出版社
社　　址：	北京金台西路 2 号
邮政编码：	100733
发行热线：	(010) 65369509　65369512　65363531　65363528
邮购热线：	(010) 65369530　65363527
网　　址：	www.peopledailypress.com
经　　销：	新华书店
印　　刷：	天津鑫旭阳印刷有限公司
开　　本：	880mm×1230mm　1/32
字　　数：	120 千字
印　　张：	6.5
版次印次：	2021 年 6 月第 1 版　2021 年 6 月第 1 次印刷
书　　号：	ISBN 978-7-5115-6962-2
定　　价：	49.00 元

如发现编校差错或印装问题,请拨打售后服务电话 010-82838515

Contents

目　录

第一章 / 情感操纵者无所不在 ·· 001

第二章 / 揭下情感操纵者的伪装面具 ·· 019

第三章 / 情感操纵者素描 ·· 051

第四章 / 情感操纵的不同阶段 ·· 067

第五章 / 常见的情感操纵工具和陷阱 ·· 081

第六章 / 情感操纵者的谎言：你应该相信我 ······························ 119

第七章 / 如何维护情感界限
………………………………………… 131

第八章 / 当受到情感伤害，我们如何自救？
………………………………………… 153

第九章 / 10 步摆脱情感操纵
………………………………………… 173

第十章 / 受害者素描：什么样的人容易被操纵
………………………………………… 183

所有人都有可能沦为情感操纵者的受害者。它可能发生在任何人身上，没有人可以免受其害。

第一章

情感操纵者无所不在

> 面具下是你最动荡的激情与最隐秘的欲望,而这面具终将被揭下。你,将无处可逃。
>
> ——克洛艾·瑟洛(Chloë Thurlow)

情感操纵者无所不在

本书所说的情感操纵者(也有文章说成"情感掠夺者")其实都是恶性自恋者。临床心理学定义下的恶性自恋者充斥在我们周围,让我们无所遁形。他们可能是你的家人、工作中的同事、健身房里的同伴、学校里的同学,或者是隐匿在社交网络当中的人。一首著名的歌曲将他们定义为一群"匿名的自我主义者",这些人打破我们对常识的认知,像"猎人"一样毫无羞耻之心,没有任何原则,不惜一切代价狂热地追求别人对自己的赞美。他们操纵他人的情感,以滋养逐渐枯萎的自我,掩盖自己的不成熟与脆弱。他们非常自恋,也是专业的"操纵者",将不幸的"猎物们"收入囊中任由自己摆布。因此,本书的受众群体是所有人,在情感或职场上与这些人产生纠葛时,我们需要快速识别他们的真实身份,撕下他们伪装的面具,不要让他们得逞,以防我们的心灵甚至身体受到伤害。我将在本书中向大家介绍这些"猎人"的行为习惯,以及他们在处理人际关系时所遵循的脚本。

第一章 情感操纵者无所不在

自恋者们可能会用花言巧语蒙混过关,但终将在自己的实际行为中露出马脚。

我长期致力于研究恶性自恋与心理操纵现象,主要是在调查和法医领域。作为一名法医心理学家与调查犯罪专家——一个在许多热门美剧中深入人心的职业角色,我在二十多年的实地调研中积累了无数与情感操纵者相处的经验。

我对情感操纵者的身份毫不隐瞒,你马上就会知道我指的是谁。如果你在情感、工作或任何其他领域与情感操纵者打交道,那么你所遭受的伤害会比冰雹袭击带给你的还要大,而且比你想象的要大得多。不幸的是,他们也极其善于利用你自以为与他们建立的关系。而且如果这些人在你的职业或家庭角色中有能力对你发号施令的话,那么,你现在已陷入巨大的麻烦当中。

所有人都有可能沦为情感操纵者的受害者。它可能发生在任何人身上,没有人可以免受其害。即使是那些完全免疫的人也不能确保自己是安全的,因为我们被包围了:在家里,在朋友间,在夫妻间,在工作中,在健身房,甚至在公寓里。简言之,如果没有能力识别出他们的可疑行为释放的警戒信号的话,那么无人能侥幸逃脱。所以,本书适用于所有人,包括那些认为自己处于安全范围之内的人。

如果你怀疑自己在各个领域和各个层次上都在与情感操纵者打交道，那么你手中的书就可以帮助你。如果你被标题吸引了，并买了它，那么你的怀疑就是有根据的。这属于关键词分析。

在开始剖析情感操纵者的内心世界之前，我先简单介绍一下本书用到的名词。本书主要使用的"情感操纵者"，是借用了心理学和精神病学中的术语。自恋操纵者、恶性自恋者、情感操纵者——尽管在临床实践中这些术语的定义并不完全相同，但在本书中我将它们当作同义词——因为这不是一本针对心理健康和司法调查人员的专业书籍。我们的目的不是诊断疾病，或者将读者培养成心理学家或精神科医生。本书旨在为大家提供一些典型的调查分析技能，这些是我在二十多年的职业生涯中，付出代价与操纵者打交道后所积累的经验总结，我想现在是时候让自己逐渐积累的知识供所有人使用了。俗话说，预防胜于治疗。但其实在这种情况下，预防是我们唯一可用的治疗手段。

本书的内容可能会引起你的不适。为了帮助你保护自己免受那些威胁你的心理和身体安全的人的侵害，我将充分利用我在心理学和犯罪学领域的专业知识和经验，介绍常见的情感操纵者类型。

你可能会觉得，"这本书描述的内容不符合我的情况，情感操纵者们只是需要情感上的包容与理解而已"。实际上，他们表现出来的行为符合精神性疾病的定义，而且比我们想象的要严重得多。在阅读接下来每一章的过程中，你都可能会重新认识你现在生活中的某个人，某个你认为没有任何力量能够将你们分开的人。而本书将为你揭下这些人伪装的面具，帮助你识别你已落入的陷阱。而你，将再无理由为他们进行辩护。

毫不夸张地说，有些人就是喜欢任由他人摆布。也许你会发现自己在某种程度上超出了真正的病理性疾病的典型人格特质（被称为"依赖型人格障碍"）。意识到自己的这一面的确会令人沮丧，尤其是当你已经把自己的"生杀大权"交到情感操纵者的手中时。

警戒信号

无论你自以为与情感操纵者建立了何种程度的关系，以下信号的出现都应引起你充分的注意，警示你已进入情感操纵者的狩猎范围。

首先需要强调的是，情感操纵并不是男性的"专利"。也就是说，它的主体可以是男性，也可以是女性。在本文中，我会时不时地谈论"操纵性的"和"自恋的"男性，或者"操纵性的"和"自恋的"女性，同样的行为，可以用男性或女性做出此行为的特征来区分。实际上在家庭生活中，女性作为情感操纵者的案例比我们想象的要广泛得多，尽管人们通常最先想到的是男性。

一个坏消息是：任何社会阶层、人种与文化中都存在情感操纵者。且有关人员在文化和社会经济上的地位越明显，对其受害者造成的伤害就越大。许多情感操纵者喜欢穿衬衫或制服，这并非巧合。服装于他们而言是掩盖自我本质（脆弱与痛苦）的工具。他们当中的有些人利用自己的社会或机构角色来掩盖自己的虐待倾向、背叛的本性和对权力与报复的渴望。不幸的是，许多情感操纵者身担要职，他们可能会给整个国家带来灾难性的后果。

然而对于我们这些普通人而言，不同性格与危险程度的情感操纵者比比皆是，毒害着我们的生活。在本书中，我将讨论爱情、工作与家庭生活中的情感操纵者们。

他们尽管千差万别，但还是具有某些共性。这些人阴险地将我们困在他们编织的大网之下，诱骗我们与他们建立情感上的联系，为了滋养干涸的自我而吸取我们的能量——他们无法独自生存。这是需要注意的迹象。

无法独处

这是应该引起我们警觉的第一个信号:没有猎物,情感操纵者就无法生存。对他们来说,在最多样化的情况下利用对方比呼吸更重要。正是由于这个原因,从孩提时代起,这些操纵者就不断发展和完善一系列的战略能力,以诱使对方认为他们不可替代。换句话说,他们不择手段地诱导别人依赖他们,日复一日地践踏对方的自尊心,直到让对方怀疑自己及他们对现实的认知——在某些情况下,从字面上讲——直到死亡将他们与这些受害者们分开。这是一条行之有效的道路,一条所有受害者的必经之路,一条通往地狱的道路。不过好消息是:有一种方法能及时止损。请大家打起精神来,继续阅读下去吧!

说谎与挑拨

情感操纵者尤其善于布置陷阱:他们撒谎,否认确凿的证据,拒绝为他们的任何行为承担责任。他们以"分而治之,各个击破"为行动指南,在家庭和工作中撒下不和谐的种子。历史上的暴君们曾利用此手段将整个国家的人民控制在自己手中,我们可以由此想象,当情感操纵者们将这一手段应用于小型社会团体(比如家庭、情侣或职场)中时会多么有效。

绕开它是没有用的,情感操纵者比你更擅长玩这个游戏。抵抗他们的唯一方法就是退出这场游戏,敬而远之,或者进行反操纵(我将在第七章讨论具体做法)。了解他们的游戏规则——这是我们保护自己的第一步,也是最基本的步骤。

完全缺乏同理心[1]

加害者毫不掩饰自己对受害者的冷漠之情,后者为了挽回这段只存在于自己幻想中的感情,无底线地回应对方的所有卑鄙的要求,甚至是威胁性的要求。是的,情感操纵者们不会发展任何类型的关系,他们并没有真正接触任何人,因为他们不具备这种能力,相反,他们只会使用各种手段来控制两人之间的关系。

从你的头脑中去掉互惠吧,他们只知道索取。你们的关系是单向的:他们得到,你付出。绝大多数情况下都是这样的,且这种趋势不可能逆转。

---

[1] 原注:心理上的同理心表示在没有或很少有情感参与的情况下立即使自己处于另一个人的情绪或处境中的能力。从字面上看,它意味着通过理解他人的观点和感受他人的情感状态来"使自己陷入困境"。

最近有一项德国的研究表明：自恋障碍（据我们所知）可归因于大脑岛叶的功能性障碍。也就是说，这是一种真正的神经病学上的缺陷。他们无法站在别人的角度设身处地地思考，无法理解他人的情绪和想法。虽然此项研究的样本主体数量不足，但情感操纵者完全缺乏同理心与愧疚之心这一事实毋庸置疑。

倾向于批判所有人

研究病理性自恋现象的著名学者之一奥托·克恩伯格（Otto Kernberg）对这些人的描述如下：

> 病人们……过度看重自己，这通常与表面上有效和纯粹的社会适应相吻合，但也严重扭曲了他们与他人之间的内在关系。他们表现出不同程度的野心、幻想与自卑，过度依赖于别人对自己的认可与赞美。他们在不断追求物质与权力的过程中不时会感到无聊与空虚，在爱别人与关心他人的能力方面表现出严重的

缺陷。[1]

该定义突出了情感操纵者的一些显著特征，尤其是需要以牺牲他人为代价来肯定自己的价值这一特征。只有对周围每个人进行羞辱、批评、控制与剥削，才能使他们感到成功，因为他们向自己和世界展示了周围人的自卑，从而证明了自己的优越性。他们通过给伴侣、家人或同事们带来痛苦以保护自己脆弱的自尊心。他们认为自己有充分的权力如此行事且毫无愧疚之心。

但这个游戏也是有最后期限的：情感操纵者们往往会很快感到无聊，而一旦产生了诸如求爱带来的满足感，他们的内心便会陷入无尽的空虚。这是否让你想起了《鞑靼人沙漠》中的情节呢？情感操纵者就像吸血鬼一样，别人的能量是他们活下去的唯一动力。

而受害者们受到的伤害总是相同的：他们注定向羞辱妥协，他们回击的次数越多，得到的贬低就越多。就像拳击场上的选手一样，在一次又一次可怕的打击下重新站起来，等待着最后致

---

[1] 原注：奥托·克恩伯格，《边缘性人格障碍与病理性自恋》（*Sindromi marginali e narcisismo patologico*），Bollati Boringhieri 出版社，都灵，1978（书名为译者自译）。

命的一击。

将其称为疾病是否夸张?

我们很难对情感操纵者进行诊断,因为他们仅在特定情况下才表现出自己真实的性格,暴露其危险性。因此,他们甚至一生都在逃脱心理学和精神病学方面的评估。这就是为什么他们中的大多数人没有被证实有精神方面的疾病,尽管他们的疾病可能很严重,也给别人造成了伤害。

一个典型案例是,在评估离异夫妻哪一方可获得抚养权时,如果评估师未经专业训练的话,那么很有可能会在无意中受情感操纵者操纵,且不被任何人察觉。而付出代价的,除了痛苦多年的伴侣,更主要的是无辜的孩子。任由情感操纵者父母摆布,将会给孩子的心灵带来无法估量的伤害,不幸的是,孩子定然不知道如何保护自己,更不用说主动放弃这种纽带关系了。

在心理学上,当某人出于操纵另一人的目的而做出一系列行动时,我们就可以将此人定义为"情感操纵者"。也就是说,情感操纵者通过操纵受害者的负罪感,以及人类生来对认同与赞美的渴望,使得受害者产生并非由其真实意愿和价值观导致的需求、欲望与行为。

始终牢记：情感操纵者似乎是像我们的人，但他们完全不会同情自己的同类——包括你在内的同类。你永远都无法改变他们。正如英国著名精神分析专家克里斯托弗·博拉斯（Christopher Bollas）所说，我们面对的，是一群举止看似正常实则没有灵魂的行尸走肉。他们戴上面具接近我们，表演着预设的剧本，被人发现真实面目后便仓皇而逃。

他们游离于正常与病理的边界，寄生在这迷离的空间之中，只剩空虚和对复仇的渴望。这是一片操纵者居住的领土，他们甚至毫无悔恨之心。正是这种无法救治和无法治愈的"残疾"（是的，因为我相信没有灵魂是唯一真正无法救治和无法治愈的残疾），使得他们对其他人而言极为危险。

与受害者千丝万缕的联系

如同鲨鱼在几十公里之外便能敏锐地嗅到血腥味一样，情感操纵者们在探猎情感上受伤的人时也从不失手。而且我们知道，最好不要在鲨鱼面前流血，因为对于鲨鱼而言，血液是进食的信号。寻找和吞食猎物是鲨鱼的本性，我们情感上的操纵者也在本能地寻找我们脆弱的痕迹，将我们无情地吞噬。我用"吞噬"这个词不是偶然的。永远记住：对于邪恶的情感操纵者，对于变态的操纵者而言,你的存在只是为了滋养他们脆弱的自我。

这有点像你看到一个开胃又香甜的新鲜出炉的纸杯蛋糕,它在橱窗里很漂亮地展示了自己……但在这种情况下,纸杯蛋糕就是你,情感操纵者就是这样看你的。他们将你吃掉后便匆匆而过,不会为你驻足停留。

我们每个人都会经历一段艰难的时期,或失去至亲,或仕途不顺,尽管没有永恒的痛苦,但这些挫折足以将我们推入深渊。此时我们会怀疑自己,觉得自己再也无法站起来度过这段危机,坚信这失败是天意。我们的盔甲在命运的重击下裂开了。

但幸运的是,我们通常能够调整好自己的心态,适应多变的环境,在苦难中涅槃重生。然而对于某些人来说,如果在此时遇到一个情感操纵者,那这段过渡期会持续更长的时间。情感操纵者们会"嗅"到他们的脆弱,并为之上瘾。所以我们往往会在自己人生最黑暗的时期遇到情感操纵者。相信我,这不是偶然的。作为一名犯罪学家,在重构凶杀案罪犯的心理路径时,我总会遇到相同的剧本:受害者拥有非显性的依赖型人格障碍,加害者具有明显的操纵与强迫性撒谎倾向。

当受害者正处在一段艰难的时期,加害者在1英里(1英里约为1.61千米)外闻到他们脆弱和自卑的味道时,这种遭遇几乎总是会发生。情感操纵者能够从眼神交流、姿势与言谈中抓住受害者的心理弱点，他们是如何做到的，我们尚无从得知。但不可否认的是，从某种意义上说，在选择完美的猎物方面，他们也是有天赋的探查者。

情感依赖

让我们面对现实吧：我们每个人都没有完美的生活。从孩提时代开始，有些事情就出了问题：每个人都在自己的内心隐藏着弱点。情感操纵者的受害者和他们的治疗师都知道这一点。想想失去的亲人或工作，即使是我们中那些更坚定、更有条理的人，如果他们经历了一个或多个考验他们的事件，也可能表现出一些让步。但我们通常通过充分利用一种被称为"恢复力"的极好的适应能力来处理已发生的事情，这种能力使我们能够走出痛苦的、伤心的经历，而不至于遭受毁灭性的打击。在我们的生活中，我们经历并克服了许多困难。甚至可以说，人类的命运是不一样的，我们作为一个个体，必须自立、自强、自主……

从单细胞生物出现到今天，我们已经走了很长一段路，经历了一系列或多或少痛苦的分离。我们必须将自己从人、模型、影响、时代、人生阶段中分离出来，以真正地成为自己，成为独一无二的人。如果我们做不到,那就很麻烦了。

情感操纵者们狩猎时偏爱的类型普遍患有依赖型人格障碍,这种人很难将自己从不满意的生活中抽离出来,无法找到自我并创造自己想要的生活。因此,他们对情感操纵者产生了情感上的依赖,就算二者的关系恶化,对自己造成毁灭性的影响,也无法从中抽身。

实际上,情感操纵者就像德古拉一样,也依赖于受害者,虽然他们自己也没有意识到这一点。他们可能会更改目标,瞄准其他猎物,直到吸干猎物的最后一滴血。但如果没有猎物滋养他们的自我价值感的话,他们便无法存活。

操纵的四个关键词

情感操纵者们从狩猎到吞噬猎物的过程包括很多阶段,其主要围绕四个关键词展开:

1. 操纵受害者(是的,就是这样开始的,这就是我经常谈论它的原因);
2. 诱惑;
3. 打击自尊心;

4. 洗脑（情感操纵者逐渐诱导受害者认为自己的所作所为都是错误的、无用的）。

请牢记这些关键词，当你与情感操纵者产生纠葛，或已经深陷痛苦的泥沼时，它们有助于你厘清事情的真相。接下来，我将详细介绍与情感操纵者相处会经历的全部阶段。

当情感操纵者是父母时

在许多家庭中，当依赖型伴侣设法摆脱情感操纵者的束缚或控制时，后者控制甚至伤害伴侣的主要武器是子女。这就是这些人与其他人合作的方式：为达到自己的目的，可以利用身边的所有人，没有人会被排除在外。而孩子们总会本能地站在自己认为较弱的一方那边，虽然事实可能并非如此。

那些情感操纵者，尤其是那些被动攻击型的情感操纵者（或称"隐性情感操纵者"，我们将在第三章中介绍）在朋友、亲戚、孩子、同事等面前扮演可怜的受害者的角色，将他们纳入自己的强大阵营，对伴侣实行"焦土政策"。他们无下限地撒谎，将伴侣描述为暴力狂、虐待狂、骗子等，还会根据对话者的不同，改编谎言的版本，指数级夸大事情的严重性。这些情况，通常是对暴力或其他犯罪的虚假指控。

任何东西都可能被伪造，包括在法庭上或调查期间提交的评估父母抚养能力的文件。我曾遇到患有严重自恋型人格障碍的人，其为破坏前任合伙人的事业而在社交网络上伪造对方个人账号以进行诽谤中伤。

毫不奇怪，跟踪狂也属于情感操纵者的范畴。夫妻间如有一方为情感操纵者的话，那么此人为跟踪狂的概率极高。因此我重申一下，请放弃要改变他们的异想天开的想法，而且，他们永远不会改变，因为他们无法产生同理心与愧疚之感，无法感受到对他人造成的伤害，认为问题总是出在别人的身上。因此，任何心理疗法与药物治疗都无法拯救冥顽不灵的情感操纵者们，而受害者们只有付出惨痛的代价才能明白这一点。

漫长而复杂的旅程

现在我们将开始一段旅程，我将带你进入情感操纵者的头脑，试着让你更深入地了解自己真正面对的是谁和什么。不可否认，这将是一段相当复杂、艰巨的旅程，在这段旅程中，你将学会通过分析典型行为和主要特征来识别"敌人"。

然而我们不止于探索。我之前说过，对抗情感操纵者的唯一方法就是及早发现,并阻止他们进入你的生活。但若对方是你的上级或父母便行之惟艰了。其实如果可能的话,逃之夭夭,永不回头方为上策。因此在本书中,我也会讲述逃脱之术及"反操纵"对方的策略。

最后,为避免未来再次陷入相同的境地,请你用勇气武装自己,坦诚地反躬自省,坦率地承担起自己的责任。

第二章

揭下情感操纵者的伪装面具

> 平庸而自我"空洞"的人，只有躲藏在别人的光环下，才能为自己的生活带来光。
>
> ——克里斯托弗·拉希 (Christopher Lasch)

良性自恋者与情感操纵者

我们所有人都通过操纵别人来达到自己的目的，而且这样做的次数比我们愿意承认的要多得多。动机是健康操纵与病理性操纵之间的界限。在健康操纵中，我们操纵的目的不是欺骗某人，操纵行为不会对他造成伤害，而仅仅是为了避免冒犯对方，或更单纯地为了陈述事实，这是一种健康的、完全正常的操纵行为。而病理性操纵则是为了征服别人，或诱使对方做自己不情愿做的事，这种行为通常具有冒犯性，有损他人的利益。

与之对应，就有了良性自恋者与情感操纵者之分。良性自恋者是指品德优良，为实现正当目标，不使用任何卑鄙手段，不走捷径，通过自己的努力取得成就的人。而与真正的成功人士（基于精英标准被认为是成功的人）不同，情感操纵者们就像《白雪公主》中恶毒的王后、《灰姑娘》中傲慢的继女、《小红帽》中残忍的狼，他们惯于寻求捷径，通过撒谎、挑拨、掩盖事实，无限制地中伤他人来谋取好处。

自恋在其负面的意义上与自信和自尊无关，而自信和自尊是一个典型人物的两个宝贵特质。傲慢自大、毫无根据的自我感觉良好是情感操纵者的标签。情感操纵者关心的是引起别人的注意、对别人的控制以及通过别人获得什么……

跟随你的直觉

识别情感操纵者的第一步便是相信自己的直觉。如果你觉得某人看上去过于高尚／善良／慷慨／热情，那么很有可能事实并非如此。在恋爱关系中，如果两人从来没有为某件事情产生过辩论（或者简单的讨论），那么可以肯定的是，二者中的一人是在演戏，或者更糟糕的是，他正在操纵对方。在日常生活中，我们要仔细观察这些"嫌疑犯"的行为表现，然后进行推断。

问题在于，我们大多数人都不知道哪种行为值得关注。我们从小就接受教育，不要接受陌生人给的糖果，但是没有人明确地说过，不要接受熟人给的糖果。其实很多时候我们面临的危险都来自熟人（或者我们以为熟悉的人）。然后我们必须应对第一个转变：危险的人是存在的，他们随时准备以各种可能的方式（可以想象到的，甚至是无法想象的方式）利用我们。对人留有一定程度的不信任（当然，请不要走到偏执狂的那一边）可能是保护自己不受伤害的唯一方法。

注意观察行为

与大多数人预想的相反,只有少数情感操纵者会走上违法犯罪的道路,并曝光在大众视野中。原因很简单,除去某些特殊情况,这些人善于矫饰自己,完美地掩饰其卑鄙的行径。大多数情感操纵者会狡猾地伪装成忠诚的配偶、看似配合的同事、和蔼的父母等,潜伏在我们的日常生活中。

只有一种方法能够揭下情感操纵者伪装的面具,那就是分析他们的行为表现。我将在本章重点介绍这种"调查"策略,基于我二十多年罪犯侧写的经验,可以毫不夸张地说,及时发现这些行为迹象甚至可以保护你的性命。而就算没有严重到这种极端情况,能够预见到对方的决策与行动往往是防止他们愤怒的唯一方法。学会自救是我们在日常生活中一项非常宝贵的技能,我们必须时刻保持警惕。每当我们决定在一段关系中投入时间和精力时,首先应该问问自己:

· 这个人真的像他表现得那样吗?
· 我可以相信自己吗?
· 我愿意将自己的性命托付给他吗?

能够正确回答这些问题可以带来很大的不同。尤其是如果你不想因为判断失误导致自己成为报纸上或电视新闻上的受害者,那么请客观回答上述问题。

做出是否让一个人进入自己生活的决定是你的确切责任。因此请认真阅读接下来的内容。相信我,你需要投入大量的时间。

首先,我想提出一个我认为完全正确的前提:别人通过我们的行为来界定我们的真实人格,判断我们的危险程度。因此,本书将讲述操纵者们在日常生活中的一些典型行为,如他们会对我们说什么,用什么论据征服我们,用什么策略操纵我们,我们容易陷入哪些陷阱,等等。

我在本章中的目标是为你提供一些需要注意的行为清单。它类似于专家用来分析犯罪现场的清单,或者飞行员在驾驶过程中使用的清单。这些清单会提醒你要一步一步地做什么,这样可以避免忘记一些重要的步骤。阅读(和重读)危险行为清单能够正确引导你,如果你曾经遇到过情感操纵者,那它可以帮助你回顾并记录下一系列过去可能被你低估了的行为、感觉与困惑;如果你尚未有过类似的经历,那它会起到警告作用,帮你鉴别情感操纵者的一些行为细节,通过无形的手帮你揭开情感操纵者的面纱。

我将采用我在处理罪犯侧写时使用的方法，即通过分析"嫌疑犯"的典型特征与行为表现，帮助你从表象中挖掘细节，以提高你评估风险的能力，并预测对方下一步将要采取的行动。

鉴于这些人具有非凡的模仿能力，因此你必须非常精确地识别所有迹象：对细节的关注对于你和爱你的人大有裨益。精确的细节可以用来解析模棱两可的行为，因为模棱两可是第一个用于操纵的工具。

下面的内容是对情感操纵者及其相关行为的主要特征的准确描述。你可以查看你心中的"嫌疑犯"，看看他是否有情感操纵者的相关行为。一个人过去的行为最能预示其未来的行为，把注意力集中在他昨天和今天所做的事情上，你就能推测出他明天会做什么。

这些行为指标不一定都出现在同一个人身上，以下是一些典型态度的列表。如果对方表现出其中几点便足以引起你的警戒。

病入膏肓的利己主义

他们从幼时起便会表现出利己主义。正如孩子期望自己的每一个愿望都能得到满足一样，情感操纵者虽然生理上已经成年，但心理上还是一个被宠坏的孩子。这些"巨婴"也希望别人能无条件地满足自己的要求。

警戒信号

1. 总是专注于自己,并认为自己有充分的资格获得别人的关注。

2. 总是在家庭聚会、约会或其他社交活动中迟到,他们让其他人等待,认为这样能彰显自己的重要性。

3. 追求华丽的出场方式,以确保吸引所有人的目光。

4. 希望一开口便让你觉得他是在场最风趣、最聪明、最成功的人。

5. 吹嘘自己没有的头衔和能力。他们会滔滔不绝地讲述自己并不熟悉的知识,在社交网络上自吹广交众友,声称曾和你工作领域(他们甚至并不了解)的某位大人物共进午餐。如果某位名人或有教养的人满足了他合影的要求,那么几分钟后他就会将这张照片当成炫耀他们深厚友谊的谈资(甚至会把这张照片当作社交网络的头像)。总之,情感操纵者急切地希望你觉得他非常厉害,只和有地位的人交往。虽然这都是夸夸其谈,但那些倾听的人很容易被他们的花言巧语所哄骗。

6. 注重外表。许多情感操纵者都表现出一种"狂热的审美",甚至会过度整容。在容貌上的投资也是他们操纵策略的一部分。男女都如此,女性更甚,如希望在聚会上一出场便吸引所有人的目光。

7. 无论他们从事什么工作,都喜欢将自己视为该行业的领军者,吹嘘自己有丰富的工作经验和出色的工作能力。

8. 无论你在学习、运动或工作中取得了什么成就,情感操纵者永远都认为自己比你更优秀。

除了上述自大型的情感操纵者之外,还有一种谦虚的、无安全感的情感操纵者(详细描述请参阅第三章)。他们同样以自我为中心,但有时表现出与前一种类型的情感操纵者相反的行为,因此更加难以识别。

1. 第二种类型的情感操纵者显然是不称职的。他们会将自己的过错归咎于他人,永远都不承认自己的失败与无能。他们在生活的任何方面都不需要别人的谅解,因为他们认为这永远都不是他们的错。举例来说,在学校成绩落后,是因为老师看不惯他们,不了解他们的潜力;在学校未能毕业,是因为教授嫉妒他们的才能,故意让他们挂科;工作中无法晋升,是因为老板欣赏不了他们的能力,或收受了其他同事的贿赂(女性同事则是出卖自己的身体)。简言之,无人慧眼识珠,他们认为自己是阴谋论的受害者,也正因如此才从未得到他们自己认为应得的东西。
2. 在社交场合表现得非常焦虑、害羞与不安,因为他们认为自己在任何领域都存在不足。
3. 可能不修边幅。
4. 对成功之道毫无兴趣,更关心诸如卑躬屈膝和保护弱者之法。但其实他们和第一种类型的情感操纵者一样,都有不切实际的幻想与欲望。

这些描述是否让你想起了某个认识的人呢?如果是的话,那么你已经在识别情感操纵者的路上迈出了第一步。

我比你更好

情感操纵者们通常自命不凡,高估自己的真实品质,将别人(如果此人还不算一无是处的话)看作自己的附属品。为了获得精神上的满足和优越感,他们喜欢贬低他人,向别人灌输自己的价值观,直到对方对自我及自身价值产生怀疑。

警戒信号

1. 认为自己独一无二，凌驾于人与人之间绝大多数关系（包括依法建立的关系）的规则之上。基本上，他们的态度与欺凌者和网络暴力者的态度相同。有重要的研究表明，在普通人群中，情感操纵行为的增加与世界上欺凌和网络暴力行为的增加有关。我们可以说，通过贬低他人来提升自己的优越感与情感操纵行为紧密相关。因此，高估自己、贬低他人是非常值得我们关注的一大信号。

2. 无论你向他们展示什么东西，比如新发型、刚买的手表，或者伴侣刚送你的珠宝等，他们都会不怀好意地贬低其价值、美感和品质。尽管新发型看起来不错，他们也会说（或者让你自我怀疑）之前的发型更好。你邀请他们共进午餐，并烹制了自己最擅长的帕马森干酪，但他们肯定会说他们的保姆做得更美味。你买了朝思暮想的汽车，然后迫不及待地与他们分享这份喜悦，但他们一定会说这辆车的款式有点过时，或之前买过同款但退掉了，因为未能符合他们的期望。在某项会议上要在一位重量级演讲嘉宾之后做报告，你不要期待会获得鼓励，他们会说："在这种大人物之后演讲肯定很难……

换作是我的话,一定不会这么做,我还怕出丑呢。"暗地里灌输给你这样的思想:无论结果如何,你的演讲一定会是一场灾难,你不会得到应有的赏识。

3. 他们很早便发展出了贬低别人的能力,从字面上说就是,他们具有识别他人的脆弱和不安全感的能力。对他人进行身体羞辱通常是他们的第一种武器。

4. 在公共场合对待家人的态度是一项重要指标。如果在社交场合中,某人不停地批评伴侣或者子女,并想让所有在场的人都清楚地听到他的斥责的话,那么可以确定此人就是一个情感操纵者。

5. 注意在餐厅时他们对待服务生的态度。情感操纵者们不会放过日常生活中任何的普通场景来贬低他人的机会,以助长自己的狂妄自大。他们会以轻蔑的语气与服务生交流,用粗鲁的方式点单,因为他们在如何尊重服务行业者方面的知识是空白的。

缺乏同理心

情感操纵者的自高自大也源于他们缺乏同理心。

我们大多数人很小就学会了设身处地为他人着想,通过他人的面部表情来分析他们的情绪。正是由于这项重要的能力,我们的社交技能才变得越来越成熟。

而情感操纵者们完全不具备这项能力。他们对他人的情绪不感兴趣也无法感知，不在乎他人是悲伤、快乐、生气还是沮丧。重要的是，发生在他人身上的事情不会打乱他们对注意力的追求。因此，他们也不会因自己造成的伤害而感到懊悔或内疚。

警戒信号

1.辛苦工作了一天后，你是否头痛得很厉害？好吧，你的情感操纵者会在同一天告诉你他们至少得了三种"癌症"。

2.所有与你有关的事都是次要的。你高烧40摄氏度也不会影响他们逛街的心情，反而很可能会被指责在他们每次需要你时你都不在他们身边。

3.你每次承认错误或暴露自己的弱点，便会助长他们嚣张的气焰，使得他们越发盛气凌人。

4.绝不承担责任。无论发生什么，他们总是采取否认的态度，甚至毫无羞耻心地否认确凿的事实。近几年来，我经常被问到，为什么一些凶手被捕判刑后，监禁多年仍不认罪。读到这里你应该明白了，这些人从来没有将认罪（完全承担自己的责任）视为一种选择。原因很简单:这意味着要为自己所做的事情感到羞耻。请注意,我说的是羞耻,而不是罪恶。情感操纵者不会感到内疚,但能感受到极大的羞耻,因为他们脆弱的自我绝不能容忍他人的责备和鄙夷。

5.如果你公开戳破他们的谎言,撕下他们伪装的面具,对他们来说就意味着毁灭,他们永远无法忘记这样的耻辱。你将成为情感操纵者的宿敌,摧毁你将是他们唯一的目标,他们会为之竭尽所能:懦弱地躲在社交网络虚假的个人账号背后,利用自己最擅长的武器——撒谎,对你极尽诋毁,以"摧枯拉朽"之势令你声名狼藉。你的信誉越高,他们的污蔑就会越严重。对于具有自恋性格的凶手来说,成功地暗示别人对自己真实罪行的怀疑,是比自己完全承认罪行更可取的选择。他们不会感到悔恨,认为没有必要靠赎罪来重新把握自己的生活,他们根本不会被自己所犯下的罪行扰乱。在他们的心目中,他们有权这样做:受害者敢于挑战他们的权力、权威,就必须受到惩罚,遭到消灭、毁灭。

请注意,还有一类狡猾的情感操纵者:他们装作慷慨大方、善解人意。以下是他们的主要特点:

1. 病态地被他人的悲剧（如疾病、葬礼）吸引，尤其是严重的悲剧。

2. 在猎物面前扮演亲密朋友的角色。但他们虚假的同理心显然只是为了从猎物的境遇中获得好处。

3. 对他们来说不存在真正的朋友，只有用于满足自己欲望的工具。从这个意义上说，所有那些在生活中与情感操纵者有交集的人都被用于特定的目的：使情感操纵者能够获得他们想要的东西。

4. 他们会表现出一些忠诚于朋友的行为，但这仍然代表着他们愿意为了实现目标而投入时间。这一特点在妇女身上表现得尤其明显。

5. 从局外人的视角来看，他们似乎真的很在乎你。但当"观众"退场后，他们便会原形毕露。

6. 享受于看到别人遭遇不幸。比如，他们去医院看望正在化疗的朋友，假装嘘寒问暖，实为幸灾乐祸。他们甚至会编造谎言说自己曾经得过重病，或者把普通流感说成严重的肺炎，夸大实际情况。

7. 面对不如自己的人便妄自尊大。

8. 将虚伪的同理心作为操纵他人的工具。

9. 在交流过程中总是向对话者提问。情感操纵者非常在意他人对自己的评价,因此他们需要从对话者那里尽可能了解更多的信息,掌握对方的喜好,以便尽可能地与对话者产生联系并进一步操纵对话者。

10. 喜欢出席葬礼(尽管他们甚至都不认识死者)。他们进入死者的家里后,立即表现得非常活跃。他们会参与选择棺材、花圈,看起来像真正的组织者。整场葬礼都是他们的"舞台",他们会充分利用死者家人沉闷的心情和悲伤的情绪,因为他们知道这将使他们更容易脱颖而出。在葬礼上,他们会装成死者的至交契友,坐在他悲痛的家人身边哭天抢地,表现得好像无比了解他,与他有着一种事实上从未存在过的特殊联系。

11. 死者或(患有严重疾病的)病人是他们的主要兴趣所在。甚至他们在社交网络上发布的帖子都主要是针对罹患重病者、残疾者的,认为他们可能没有康复的可能。对他们而言,这是一种享受。这种敏感而富有同情心、听天由命、举止谦卑的人的面具,可能会误导那些不知道如何从正规渠道获取信息的人。

12. 就算对你表现出兴趣,情感操纵者想传达的信息也始终是相同的:没有什么比我更重要。

这类情感操纵者十分危险，因为在大多数情况下，受害者无法解读情感操纵者的意图，无法掌握实际发生的状况。情感操纵者完成自己盛大的表演后便消失在茫茫人海之中，寻找下一场令他们着迷的悲剧，窥探时机以再次站到悲剧舞台的中心。对于情感操纵者来说，这是一个不可抗拒的剧本——他们不能没有它，这就是为什么在类似情况下观察他们是揭露他们真实面目的一种可靠方法。通常，他们试图以其他方式（也许是关于体育或艺术事业的，但未获得理想结果）征服在场的人，并最终选择此方案作为他们病态且顽强地寻求注意力的后备。重要的是最终结果：吸引眼球。无论是在剧院、运动场上，在重要的国际会议上，在葬礼上还是在医院的床上，都没有什么变化。

这里我是主宰

情感操纵型人格从定义上讲是固执死板、具有高度强迫性的，其特点是渴望控制（因此需要注意那些拥有一定权力的职业人员，比如警察、法官、医生、媒体工作者、官员等）。

警戒信号

1. 无论从事什么工作，取得了多么大的职业成就，情感操纵者为了达到自己的目的都会不择手段，无情地利用所有对他们有用的人。

2. 无论他们在你生命中扮演着什么角色，应对他们都不是一件容易的事情。他们拥有既强大又狡猾的工具，以你的元气为养料，向你传播焦虑、痛苦与恐惧。你要么按照他们所说的去做，要么就只能与之抗争，向他们公开宣战。

3. 情感操纵者十分善于解读他人的需求和欲望，只不过他们把这些需求和欲望视为让人生厌的无病呻吟，甚至是实现自己目标的阻碍。因此他们从来不会让周围的人感到自在、满足与幸福。

4. 如果你感到不舒服、不开心、痛苦、苦恼、沮丧，那么你和他们便相安无事。当你成为他们实现目标的障碍时，你便会看到他们的真面目：冷漠无情、脾气暴躁、冥顽不化。

5. 没有人能满足他们的期望。对他们抱有幻想会让你的情感、身体、金钱、精神、家庭状况都遭受重创。

6. 如果你的领导是情感操纵者，那他一定会锱铢必较：你需要逐条做好报销明细表，向他上报所有消费小票，报销费用要精确到小数点后两位。

7. 如果你的配偶是情感操纵者，那他一定会干涉你的友谊、职业或业余爱好等那些他们无法时刻插足的领域。

8. 如果你违背他们设定的原则，逃脱他们的监控，那么他们会让你痛不欲生。

9. 如果你的父母是情感操纵者，那么他们会对你的恋人与朋友挑三拣四，无论你怎样做都不会令他们改变主意，甚至会使情况变得更糟。换言之，如果你一直试图得到他们的祝福，那你将无法逃脱。

10. 长此以往，你的身体可能也会开始抗议。比如一想到与他们相关的问题便食欲不振。我们一直被教育要尊重他人，面对蛮横无理之人时最好压制怒火，保持沉默，不要表达负面情绪。正如耶稣在《马太福音》中说："不要与恶人作对。有人打你的右脸，连左脸也转过来由他打。"但两边脸颊被打过后，反击便是我们神圣不可侵犯的权利。

我比你更重要

无论你和情感操纵者是什么关系，你们永远都是不平等的。权力永远掌握在他们的手中。

警戒信号

1. 情感操纵者善于运用等价交换的原则，尤其是在感情方面的所有事情上：情感操纵者不会爱你，除非你为他们做了什么。他们对你流露出爱意并非因为你的真心付出，而仅仅是因为你可以为他们带来好处。

2. 如果你的家庭成员是情感操纵者的话，那么他会对你生活的方方面面百般挑剔。这将使你感到你的生活毫无意义。

3. 如果你的伴侣是情感操纵者的话，那么你为他做出的一切改变（比如改变生活习惯、音乐品味、烹饪方法、体育爱好，努力变得更具吸引力，以及努力做好其他任何事情）永远都不会令他感到满意。

4. 在两人相处的早期，他会使出浑身解数施展魅力，让你眼花缭乱，所以你落入圈套也情有可原。所幸这种"光环效应"很快便会褪去，其背后的真实面目将逐渐浮现。

5. 请不要和情感操纵者共享财产，比如银行账户、金银珠宝等。他们为了满足自己奢侈的需求和幻想，会肆意挥霍你的钱财，并认为自己完全有权这么做，使你（和你的家人）陷入严重的财务困境。

如果你的父母是情感操纵者的话则更需注意，因为他们倾向于将自我理想化，并期望自己的孩子也同样完美。以下为一些典型现象：

1. 情感操纵型父母会强迫子女在学习和运动上取得最优秀的成绩，在外表上符合自己的期望。
2. 强行要求孩子参加各种课外活动并表现出色。
3. 望子成龙、望女成凤，将孩子视为满足个人需求的工具，要求他们取得自己未能达成的成就，如果没有成功的话便会无情地羞辱他们。
4. 如果孩子未能满足他们的期待，那之后便无法获得任何形式的赞美与认可。
5. 只有当孩子完全符合自己的期望，成长为一位学者或大满贯运动员或成功的演员或模特时，他们才会开始扮演和蔼可亲的父母的角色或者一个忠诚的追随者的角色，为了照顾孩子准备放弃自己的一切。如果不是这样的话，孩子会立即被放弃，因为对他们而言，孩子就像一个美丽的木偶，如果他不按照主人的意愿行事，就会被毫无遗憾地扔进垃圾桶。
6. 孩子取得的任何成就都无法与他们的"丰功伟绩"（完全是虚构的）相媲美。

7. 他们的期待值会越来越高，使孩子不断感到沮丧与不足。他们传达出的信息是："尽你所能取悦我，无论你多么努力，对我来说都远远不够。"
8. 当孩子未能完成父母设定的目标，尤其是当其意识到自己仅仅被父母用来满足他们渴求的名声和成功时，会陷入沮丧的情绪，严重的甚至会患上抑郁症。对具有操纵心理的成年人来说，最痛苦的部分恰恰是承认他们从未真正关心过孩子的利益，哪怕是一秒钟（否则他们会做出其他的选择）。
9. 当孩子表现出明显的痛苦迹象，并试图获得父母关心时，总是会听到这样的回复："现在还不够糟糕吗，你想怎样？""别哭了，没有那么疼。""你迟早会习惯的。""这和我的经历比起来什么都不是，所以别说了。"真正关心你的人从来不会对你这样说。
10. 儿童会习得这种扭曲的交往方式，并以其他各种形式体现在自己未来的人际交往中。因此，这种关系模式是会影响到下一代的，就像我们可以通过果实来鉴别树木的品种。同理，当树木枯萎时，果实也难逃厄运。

这些都是触发依赖型人格障碍的典型情景。你可以看看情感操纵型父母在青少年足球比赛球场上的表现，仔细听他们对别人的孩子说的话，并观察当自己孩子失误时他们的态度，以及面对孩子的球员朋友时的态度。这种家长强迫孩子参加各种各样的课外活动，他们有明确的目标，那就是使孩子更具竞争力，并带领其取得胜利，即使孩子其实对足球兴趣索然。再如，总是让女儿参加选美比赛的母亲，她的目的很明确。她会为了让孩子戴上皇冠、引起一些电视制片人的关注而不择手段，甚至默许女儿被潜规则，以换取某些不知名的省级电视台的少到可怜的镜头。女儿成为母亲获取成功的代理人，站到了她所渴望的、从未触及的聚光灯下，尽管拿到这张入场券的代价是女儿不断遭到羞辱（甚至还在青春期便接受整容）。

情感操纵者鉴定清单

以下列出了情感操纵者的典型态度与行为表现，如果你的怀疑对象符合以下124项中的40项（约占30%），那么可以确定，你面对的是一位中高危级别的情感操纵者。

当然，这只能帮助你更加深入地观察现实生活中的场景，不可用作临床诊断的依据。这份清单既适用于你刚认识的人，也适用于已属于你生活一部分的人（如家人、朋友、同事和其他熟人）。

☐ 1. 情感操纵者自高自大，对自己的评价远远超过了自己在日常生活、职业生涯、学术或体育领域中取得的实际成就。

☐ 2. 无论发生什么事情，认为自己永远都没错。

☐ 3. 闭口不谈自己的过错，却对别人的问题不依不饶。

☐ 4. 撒谎成性。

☐ 5. 认为自己可以跳出规则的约束，不必遵守规则。

☐ 6. 经常违反交通规则，比如在不该停车的地方（如为残疾人或孕妇设置的地方）停车。

☐ 7. 认为自己在任何领域都比你有远见卓识。

☐ 8. 如果你不按他们说的去做，他们便会大动肝火。

☐ 9. 抓住一切机会强调自己的主导权。

☐ 10. 不断提出各种要求以博得你的关注。

☐ 11. 你经常感觉一切都围着他们转。

☐ 12. 他们认为自己有权享受优待，可以一蹴而就获得成功。

☐ 13. 去餐厅时，他们会让你觉得是因为他们的鼎鼎大名你们才能立刻就座（尽管餐厅的位置非常偏僻）。

☐ 14. 当他们谈论自己时，倾向于将自己描述为独一无二的人。

- [ ] 15. 认为自己应该与在社会背景上被认为特殊、成功、重要的人交往。

- [ ] 16. 固执地想要获得所有人的重视与钦佩。

- [ ] 17. 在任何情况下都想获得特殊待遇,比如在餐厅、剧院或影院中获得好位置。

- [ ] 18. 趋向于利用身边所有人来获得人际关系和经济上的利益。

- [ ] 19. 总是让别人帮忙(甚至只是小忙),以保证别人的注意力总是在他们身上。

- [ ] 20. 完全缺乏同理心,无法对身边人的痛苦感同身受。

- [ ] 21. 嫉妒他人,且深信别人也同样嫉妒自己。

- [ ] 22. 常常在家人和下属面前表现得傲慢自大。

- [ ] 23. 认为自己的事情最重要,自己经受的痛苦要比别人经受的多得多。

- [ ] 24. 倾向于凌驾于法律之上,因为他们认为自己可以不受法律约束地随心所欲。

- [ ] 25. 极其在意他人对自己的看法或评价。

- [ ] 26. 经常心情不好或因琐碎的小事而烦躁。

- [ ] 27. 不需要什么就能激起他们的愤怒或恼怒。

- [ ] 28. 在方方面面都高估自己,认为别人都是毫无价值、低人一等且无能的。

☐ 29. 总是说别人的坏话（从他们嘴里你几乎听不到对别人的称赞）。

☐ 30. 他们与配偶离婚后，拒绝向配偶与子女支付医药费和抚养费。

☐ 31. 当别人取得成功或受到关注时，他们会深感不满与愤怒。

☐ 32. 对周围的人行事嚣张跋扈。

☐ 33. 在与他人的相处中总是充当发号施令者。

☐ 34. 总是想成为别人关注的焦点，并不断表现出引人关注的行为。

☐ 35. 经常在约会中迟到。

☐ 36. 喜欢穿很华丽的衣服。

☐ 37. 喜欢说俏皮话，无论何时都喜欢华丽的出场方式。

☐ 38. 与他们交流就像对牛弹琴，你们的沟通是单向的。

☐ 39. 一直致力于追求最好的东西——最好的汽车、最新的手机、最时髦的衣服、最昂贵的珠宝等，即使自己负担不起。

☐ 40. 表现出偏执地控制他人的需求，要求所有人都对他们完全忠诚和接受。

☐ 41. 仅为满足自己的需求而思考，仅为实现自己的目标而做出行动。

☐ 42. 将他人视为实现自己目标的工具。

☐ 43. 忽略他人的问题与需求。

☐ 44. 当你与他们谈论自己的问题时，总会感到他们心不在焉。

☐ 45. 在生活中的小事上也会撒谎。

☐ 46. 假装自己结交了很多名流巨子。

☐ 47. 夸赞自己并不具备的经验与技能。

☐ 48. 在对话时，总是忽视对方的谈话内容，试图将话题转移到自己身上或自己感兴趣的东西上。

☐ 49. 在工作中争强好胜，抓住一切机会贬低他们的对手。

☐ 50. 如果撒谎、诽谤、中伤他人能为他们带来好处的话，那么他们会毫不犹豫地这样做。

☐ 51. 遭到批评时便大肆反击，或不留情面地直接离场。

☐ 52. 行事蛮横，不考虑他人的意见、方案或利益。

☐ 53. 认为自己完美无瑕，拒绝承认自己的不足、缺陷，掩饰自己的脆弱。

☐ 54. 外貌具有一定的吸引力，但随着对他们的深入了解，会开始对他们所讲的一切产生怀疑。

☐ 55. 吹嘘自己担任过哪些职位（医生、大学教授、军官或警察等），但实际上并没有担任过。

☐ 56. 毫不尊重他人的想法，有不切实际的幻想。

☐ 57. 想要获得来自社会、家庭和专业上的认可。

☐ 58. 只为自己购买昂贵的礼物。

☐ 59. 总想在所有方面表现得优于任何人。

☐ 60. 低估并贬低他人的能力。

☐ 61. 喜欢通过羞辱别人来增强自己的自尊心。

☐ 62. 在公共场合严厉批评所有未能达到他们不切实际期望的人（包括自己的孩子）。

☐ 63. 将交谈者的小动作（比如看手机或看手表）视为对他们极大的冷漠和不尊重，然后会立即变得咄咄逼人，怒火中烧。

☐ 64. 以极其傲慢和轻蔑的方式对待下属。

☐ 65. 只关心那些他们认为对自己有用的人。

☐ 66. 坚信自己是世上唯一在任何领域都具备天分和能力的人。

☐ 67. 在与他们交流的过程中，听到的最多的词是"我"。

- [ ] 68. 为获得唯我独尊的感觉，可能会去吸食可卡因。
- [ ] 69. 认为自己是万人迷（尤其是男性情感操纵者）。
- [ ] 70. 在公共场合炫耀自己在爱情上的"战利品"。
- [ ] 71. 憎恨在公共场合出丑。
- [ ] 72. 憎恨在公共场合被反驳（或者情况更糟的是被否认）。
- [ ] 73. 从不承认自己的错误，也从不为自己造成的恶果道歉。
- [ ] 74. 认为不管问题有多复杂，自己一定能找到所有问题的解决方法。
- [ ] 75. 坚信自己永远是正确的。
- [ ] 76. 把所有自己不喜欢的人都看作敌人，就算是在小事上也要攻击对方。
- [ ] 77. 喜欢在社交网络上挑起争端（很多在网上辱骂别人的人都是情感操纵者）。
- [ ] 78. 喜欢在社交网络上用小号偷窥他人（尤其是伴侣、前伴侣或潜在竞争者），或用小号给自己的其他账号评论。
- [ ] 79. 为名为利不择手段（甚至忽视法律的限制）。
- [ ] 80. 极其固执，不愿改变。

☐ 81. 从不质疑自己。

☐ 82. 想要控制身边所有人做的所有事情。

☐ 83. 不择手段地控制别人对自己的看法。

☐ 84. 对伴侣和家人的控制欲很强,会干预他们的选择。

☐ 85. 严格限制伴侣和子女的行动自由。

☐ 86. 自己随心选择与伴侣和子女的见面频率,且不允许他们反驳。

☐ 87. 想要隔离伴侣与亲友。

☐ 88. 阻碍伴侣实现经济独立,不允许对方找工作。

☐ 89. 嫉妒对手的优秀,将此看成自己失败的主要原因,并不择手段地摧毁对方。

☐ 90. 从不接受别人的批评指正,哪怕是建设性的批评意见。

☐ 91. 刻薄地指出他人的错误,但完全不承认自己的缺点。

☐ 92. 把他人的个人问题看作他们自卑、懦弱、不成熟、无法控制冲动的表现。

☐ 93. 当某人身上发生不好的事情时,他总是认为这是当事人的软弱和愚蠢的报应,或无论当事人如何努力,这都是其应得的。

- ☐ 94. 工作中在上级面前将别人的成果占为己有，希望得到器重。
- ☐ 95. 喜欢吹嘘自己所不具备的优点。
- ☐ 96. 认为自己生来注定成功，如果没有达成目标便将过错归咎于其他人。
- ☐ 97. 总想翻盘来为他们自己谋取利益。
- ☐ 98. 总是找替罪羊来承担他们自己的错误。
- ☐ 99. 不会对那些付出努力使他们能够实现目标的人表示感激。
- ☐ 100. 通过语言暴力和冒犯他人来确立自己的谈话地位。
- ☐ 101. 吹嘘自己没有的学历（比如将本科说成博士）。
- ☐ 102. 过着超出自己实际消费水平的奢侈生活。
- ☐ 103. 在物质上占身边人的便宜。
- ☐ 104. 无法满足他人的情感需求，讨厌那些向他们寻求帮助的人。
- ☐ 105. 看似很谦虚，但内心认为自己优于任何人。
- ☐ 106. 在自己过去的故事上撒谎。
- ☐ 107. 经常污蔑前任，说对方无理取闹。

☐　　108. 隐瞒自己的司法纠纷及破产情况。

☐　　109. 一再背叛伴侣，同时发展多段婚外情。

☐　　110. 嫉妒心很强，贬低他人的成就。

☐　　111. 通常会选择能助自己实现职业、社会或政治发展抱负的配偶。

☐　　112. 无法忍受任何形式的挫折，会突然爆发愤怒。

☐　　113. 几乎只谈论自己的事，比如他们的规划和志向（通常是不切实际的）。

☐　　114. 如果认为你对他们有用的话，就会对你非常积极主动。

☐　　115. 为了获得更多人的认可，可能会装作善解人意、无微不至的样子。

☐　　116. 在伤害其他人时不会感到内疚。

☐　　117. 公开鄙视那些光明正大、守规矩的人。

☐　　118. 竭尽所能地避免暴露隐藏在面具下的真实面目，尤其是在公共场合。

☐　　119. 行事没有道德上的顾忌。

☐　　120. 十分担心在公共场合出丑。

☐　　121. 尽管已经相识多年，但你对他们的真实面目一点也不了解。

☐ 122. 在不重要的事情上也经常撒谎。

☐ 123. 极其擅长否认确凿的证据，以至于让你开始怀疑自己说过的话和做过的事。

☐ 124. 永远不承认自己的错误。

第三章

情感操纵者素描

> 世上没有神,因为假使有神,我怎能忍受我不是那神!
>
> ——弗里德里希·威廉·尼采
>
> (Friedrich Wilhelm Nietzsche)

情感操纵者人像名片

总结一下我们前面各章所介绍的内容,情感操纵者的形象会越发清晰。

在公共场合以及"猎物"的爱戴与崇拜会让情感操纵者斗志昂扬。他们自视甚高,需要别人不断地认可与赞美才能生存下去。从本质上说,只有当得到赞赏和赞扬时,他们才会体验到快乐和满足。如果称赞寥寥无几的话,他们便会怅然若失,陷入空虚与无聊之中。

情感操纵者只把少数人放在眼里,这包括令他们深深嫉妒的人,他们期望从这些人身上得到持续的自我滋养。如果你不属于此类的话,那么你就会被轻视,被排除在他们的世界之外。

对他人不断贬低和鄙夷的态度扎根于他们的血脉之中。这就像渴望永葆青春一样,每当他们成功地让人们相信他们比别人优越时,就会觉得自己离永生更近一步。从他人那里掠夺自己缺失的东西是他们的目标,诓骗别人以获得崇拜会为他们注入活力。

他们善于将自己描绘成深受别人无能与恶行影响的受害者，可以把简单的头痛夸张成肝肠寸断的痛苦，而所有不幸的对话者们都将对他们表示怜悯与同情。当然，他们所有的问题都是因别人的缺点或无能造成的。

他们的本性会在会议讨论中暴露出来：不惜任何代价确保自己拥有最后的话语权（即使自己只会胡言乱语）。

你也要注意他们的沉默，因为这就像锅里沸腾的水泡，稍微迸裂便会对你造成伤害。

受到批评时（尽管可能是建设性的），情感操纵者便化身为讽刺大师，将所有意见都视为对自己自尊的攻击，用激烈的愤怒作为回应。

在社交关系中，他们总是在家人、朋友、同事中挑拨离间的那一个。他们制造不和，引起大家的相互猜疑，但善于消除痕迹。因此，如果你看到一群人的关系变得紧张，一触即发，那么他们一定是这一切背后的操纵者。

他们致力于将自己塑造成积极正面的形象，以获得你的崇拜与钦佩。当得到它们时，他们会崇拜你并把你理想化，但不会持续太久。这足以使他们不切实际的期望落空，哪怕只是一点点，他们也会很快陷入痛苦之中。

"寄生虫"一词最能形象地代表情感操纵者。在情感操纵者看来，他们天生有权毫无怜悯之心与愧疚感地控制、利用他人。情感操纵者对周围的人漠不关心，毫无温情可言，有时你甚至会觉得自己面对的是一个机器人。他们可能看起来善良，充满爱心，但这只是为了达到自己的目的——获得钦佩与赞美的伪装。他们将身边的人分为两类：可利用的人（名人、社会名望高的人）和对他们无用的人。

情感操纵者常常用面具隐藏自己的某种偏执，以及害怕被别人抛弃（也是对自己的所作所为感到心虚）的苦恼。这导致他们无法依赖他人，无法与别人真正建立情感上的联系。

实际上，他们内心孤独，攻击所有对自己理想化形象造成威胁的人。如果你公开揭露他的真面目的话，就将成为他的累世宿敌。

认证情感操纵者的十项特征

以下是情感操纵者们较为突出的十项特征：

1. 自视甚高，同时没有安全感，内心充满自卑；
2. 有想让所有人的目光都集中在自己身上的极端倾向；
3. 缺乏对他人的同情心，仅把他人视为达成自己目标的工具；

4. 极度需要得到众人的认可与钦佩；
5. 嫉妒那些拥有自己所不具备的特质或物品的人；
6. 无法感受到后悔、内疚、悲伤与忧郁的情绪；
7. 无法忍受挫败感；
8. 容易暴怒（比如砸东西、动手砸墙等）；
9. 对鸡毛蒜皮的小事也怀有强烈的怨恨情绪与报复的欲望；
10. 用迂腐的方式来捍卫自己的形象，如简单地将人判定为好人或坏人，没有中间立场；总是推脱自己的责任；将自己消极的一面投射到他人身上；假装自己是全能的（我将在第五章详细介绍）。

追本溯源

在他们的童年生活中，父母（通常为母亲）角色缺失：母亲（或承担母亲角色的其他人）看似照顾周到，但实际上与孩子并没有真正的情感和情感交流。情感操纵者们的母亲通常具有以下特点：

- 铁石心肠又倨傲无礼；将年幼的孩子当作成年的孩子对待，强迫他完成超出自己能力范围的任务，如果表现不好的话会受到惩罚；
- 漠视孩子小时候的情感需求，比如在孩子寻求帮助或开始哭泣时置之不理，甚至取笑他；
- 不断地在言语和行动上攻击与贬低孩子（常常只强调孩子的过失之处，用诸如"你真没用""你一无是处""你总是最后一个"等语句）；
- 即使孩子没有做错任何事，也会毫无理由地责罚他。

这些都是促使他们成为情感操纵者的完美的助长成分，从这个角度来看，我们就能更清楚地理解为什么情感操纵者会对得到社会的认可、取得成功以及受到他人的崇拜有着近乎病态的执念：这些目标成为他们克服不被本该爱的人爱的恐惧的最佳途径。原生家庭导致他们在童年时期与母亲或承担类似角色的成年人处于敌对状态，由此产生对他人的爱戴与崇拜的渴求，以及具有自己独一无二、值得比他人更好地被对待的信念。

但是母亲，或承担母亲角色的其他人常常会做出上面列出的那些行为挫败他们的需求，导致他们陷入更深的痛苦，并开始做出防御行为：躲避在谎言、嫉妒、漠视与报复中。

这些母亲不仅常常贬低自己的孩子，还贬低孩子生活中遇到的其他人。这种态度"传染"了孩子，使得他们也采取相同的态度对待他人。也就是说，孩子们怀着"自己无用"的想法痛苦地成长，反过来导致他们用贬低他人的方式来证明自己的优越性，从而满足自己仅存的自尊心。如果不这样做的话，他们便会觉得自己一无是处，从而进一步加深自己的焦虑与痛苦。鄙视和批评其他人和事，可以帮助他们避免产生嫉妒的情绪，因为嫉妒可以照出他们的本来面目：脆弱、内心荒芜、众叛亲离。这就是情感操纵者的悖论：他们迫切需要别人的欣赏与认可，却无法感知他人在赞美中透露出的善意，否则将会触发他们的嫉妒机制，使他们陷入难以忍受的痛苦当中。这就是他们批评一切，无情地谴责自己，过着沮丧、不满和情感空虚的生活的原因。

因此，对情感操纵者来说，依赖别人变成了自己最大的恐惧。因为就像他们从小学到的那样，依赖会将自己置于被鄙视、被羞辱、被虐待、被抛弃的境地。这就是为什么他们无法与他人建立真正的情感联系。

这就是要点：对于情感操纵者，你必须以一种真诚、真实、深刻的方式来处理长期无法沟通的问题。这可能是他们在自己的心理状况下最重要的特征。这就好像某人因自身脆弱、缺乏安全感和不完美而丧失了信任他人，感到自己值得被爱、被关心、被期望、被欣赏的能力。

长此以往，他们便无法感受到任何懊悔与愧疚的情绪，因为只有当他们能够建立真正的情感联系时，才会体验到这种感觉。他们会肆无忌惮地撒谎、侮辱、贬低你。你，从来都不是无可代替的。情感操纵者不需要你,他们需要的是像你这样愿意被剥削、被支配、被控制、被削弱的人。而你只是供他们支配的奴隶,每一次反驳都会被施以惩罚。我已经说过了,再重复一遍:情感操纵者是非常孤独的人,注定会一直这样。

针对情感操纵者的心理治疗极其困难,因为他们甚至无法对心理治疗师吐露真言。而没有这项前提条件的话,心理治疗师就无法制订临床方案。

类型学

相关的学者们根据不同的标准对情感操纵者进行了分类(详情参见附录A)。非专业人士中最著名的是保罗·温克(Paul Wink),他将情感操纵者分成两种:第一种"显性"情感操纵者的表现欲更强,喜欢成为焦点,公开表现自己的张狂;第二种"隐性"情感操纵者更加自卑,缺乏自尊心,因此也更难被识别。这是这两种情感操纵者的主要特征(这只是宏观分类,你面对的情感操纵者不一定会表现出其中一类的所有特征,但是会趋于被纳入某一类别)。

显性情感操纵者

显性情感操纵者无疑是最为明显、最易识别的类型。他们自视甚高,也不会隐瞒自己的优越感。他们自尊心极强(至少从表面上来看),完全自给自足,避免对他人产生任何形式的依赖,期望获得对别人的掌控权。

他们在任何场合都表现得非常自信,但会贬低他人的素质与需求。此外,他们无法容忍任何形式的批评与挫折,他们不明是非,不会自我批评。

他们的人际关系(甚至是亲密关系)较为淡薄,他们与人相处时独断专行,态度冷漠。

在社会上与公共场合不会表现出焦虑,相反,他们喜欢作为焦点,被众星捧月般地对待。

他们渴望功成名就,扫除一切可能妨碍他们的人,为达目的不惜付出一切代价。他们可能会盗取他人的劳动成果,从不与团队合作。如果可以获利的话,那他们不惜走捷径或使用卑鄙的手段。

当事情没有按照他的意愿进行时(比如工作不顺、未能获得期望中的认可、体育比赛失败等),他便会被羞辱感包围,任何失败都是他脆弱的自我无法承受、无法克服的。失败(尤其是当众出丑)会摧毁他的全部。他缺乏韧性:无法面对或处理任何负面事件，不论只是一小段艰难时期还是真正的创深痛巨。

显性情感操纵者非常虚荣，喜欢炫耀自己拥有的一切（美丽、金钱、豪车、珠宝首饰、身份象征等），不断地需要成为别人关注的焦点，而恰恰是这种虚荣导致别人与他们渐行渐远。

和他们聊天时，你几乎没有存在感。我们可以用"镜子效应"来解释显性情感操纵者的心态：他们需要通过听众在沟通中表现出来的欣赏来加强自我崇拜。

他们会贬低所有人，如果认为对方比他们优秀的话（他们便会嫉妒），甚至会在公开场合表示出对对方的鄙夷。

另一个特点是过于注重外表。尤其是女性显性情感操纵者，在任何场合都盛装出席。这往往很荒谬和不恰当。显性情感操纵者的择偶条件只有一个，就是有社会地位的有钱人。他们通过奢侈的生活方式来彰显自己的地位，以满足引起别人羡慕（与嫉妒）的需要。

隐性情感操纵者

与显性情感操纵者相比，隐性情感操纵者在某些方面更加狡猾，（尤其在相识初期）更难通过分析其行为来识别他们的真面目。他们显著的特点是自卑、难以控制愤怒与羞耻感，他们会表现出敏感与脆弱的状态。

他们深陷对失败和被他人拒绝的恐惧当中,对批评(甚至是最无害和最具建设性的意见)十分敏感,沉浸在被拒绝、被鄙视、被抛弃的想法中。所以他们会思虑一切发生在他们身上的事,或是别人对他们说的话。

他们将自己描绘成深受他人事件和恶意影响的不幸受害者——这是获得他人保护(与关注)的保险剧本,实际表演时也很有说服力。

由于缺乏自信,他们在社交场合显得非常焦虑,在公众面前讲话时会感到不自在,因为感觉自己并不能胜任。深刻的不足感严重影响到他们的身体健康、社交与工作等。

情感操纵者可能是你推心置腹的朋友、相敬如宾的伴侣,也可能是慈祥和蔼的父母。但这些都是他们消除批评、获得他人正面评价的伪装。你不能质疑他们正在做的或说的,否则,他们的攻击性和愤怒就会在一秒钟内显现出来。他们喜怒无常、阴晴不定,和他们在一起时感觉就像在坐过山车,因为他们倾向于很快地将任何人理想化或贬低,这取决于他们如何转变。此外,他们会在公共场合赞美别人,然后在对方不在时贬低对方。

当他们遇到自己最大的恐惧,即认为自己受到别人不合理的评价时,可能会变得气势汹汹,在言语上咄咄逼人。

隐性情感操纵者同样自视甚高,只不过他们不让这种情绪流露出来而已。表面上看，他们缺乏实现自我价值的动力，表现得对成功不感兴趣，十分谦卑，是害羞而唯唯诺诺的人。但这也只是他们的无数面具之一而已：尽管他们渴望功成名就，但竞争带来的焦虑、对自己的不自信、过于害怕失败导致他们患得患失、畏首畏尾，无法迈出安全区。

他们也可能会对伴侣、孩子以及其他亲近的人吹毛求疵。他们经常在金钱上剥削他人（尤其是配偶，也包括家人和朋友），来满足自己的需求（比如买房、度假、组织聚会等）。

他们可能会通过装病或夸张病情来操纵他人，甚至以此为借口为自己的失败辩护。这种情况在工作、学术和体育领域很常见。

他们总是将自己的过错归咎于他人，认为自己是阴谋论的受害者。他们会避免与他人产生冲突，重点打击那些有能力揭下他们伪装面具的人。这尤其体现在工作场合中。

还记得我在之前的章节中描述的"被悲剧吸引的人"吗？他们是隐性情感操纵者的亚型。为了获得他人的钦佩与赞美，这种类型的操纵者通常会假装是别人的好友，跑到或许并不熟悉的朋友的病床前，或出席其葬礼（然后装出一副痛不欲生的样子）。他们非常喜欢这些场合，因为失败的可能性极低。隐性情感操纵者们非常清楚，谁会质疑表现得如此忠诚之人的真心呢？

他们一有机会便会向你讲述自己"痛苦"的过去，以此来和你建立信任与亲密的关系，这对之后的操纵至关重要。他们讲述的一件接一件的创伤事件（涉及生活中的各个方面，比如父母动荡的婚姻、过去糟糕的经历，或者残酷的爱情等）会让你感到震撼，并激起你对他们的怜悯之心和保护欲。不知不觉中，你开始为他们放肆的言行、波动的情绪和谎言进行辩护。至此，他们的目标得以实现：他们已经牢牢地把你掌控在自己手中。永远记住：过于轻易地表现出自己情绪上的痛苦并不是一个好兆头。那些真正遭受苦难的人很难把这些东西讲述出来，因为仅仅是回想也会让其心如刀割。隐性情感操纵者通常在认识你不久之后便向你讲述这些故事，利用虚假的痛苦作为开启你内心世界的钥匙，而你内心的大门将立刻为他们敞开。

因为他们完全专注于自己的需求和问题，所以会权衡你提出的任何要求，甚至是最小的要求。隐性情感操纵者们很难在自己的专业领域中担任重要职务。与显性情感操纵者们相比，他们缺乏社交技巧与自我实现的能力。他们十分懒惰，比如经常说自己很疲惫，一有机会就偷懒，等等。蓬头垢面、不注重自己的外表、超重也是很重要的表现。

他们常常无法独立完成日常生活中甚至最基本的事情，似乎总是陷入问题（或可能发生的问题）的旋涡中。他们比显性情感操纵者更懂得投机，更加依附他人。他们建立的所有人际关系都旨在利用对方为自己谋取便利。如果他们开始谄媚你，那么一定是在你身上看到了某种好处。他们会选择把自己照料得面面俱到（从做一日三餐到熨烫裤子）的人作为伴侣。

他们在生活中非常会算计，在轮到花自己的钱时表现得非常小气。你对他们越慷慨，他们就越鄙视你，好像一切都是他们应得的一样。他们无法忍受与他人陷入债务纷争。

隐性情感操纵者对性几乎不感兴趣（事实上却罹患各种与性相关的疾病）。因为他们害怕失去控制，所以利用戒欲来惩罚伴侣，让对方感到自己一无是处。在这种情况下，提出合理性行为的伴侣便被他们认为是"疯子""满脑子只想做爱的人"。

隐性情感操纵者几乎总是生活在他人（比如伴侣或亲戚）的光环之下。尽管他们倚靠对方才获得关注，但内心却对其嗤之以鼻。

隐性情感操纵者擅长用讽刺的方式来羞辱他人，尤其是在公共场合中。隐性情感操纵者喜欢突施冷箭，比如你用心组织旅行或聚会，他们一定会在最后一刻毁掉你的心血。你的生活必须围绕着他们转，否则他们会让你付出昂贵的代价。

恐吓型、诱惑型与被动攻击型

根据美国著名心理治疗师罗宾·斯特恩（Robin Stern）的研究，情感操纵者可分成三类：恐吓型、诱惑型和被动攻击型。

1.**恐吓型**。即基于所谓的情感"末日心理"（详情参阅第五章）对受害者进行威胁和恐吓，使受害者认为，如果不顺从他们的要求的话，那么他们将离开或不再爱自己。他们用喊叫、冒犯与挑衅的言辞刺激受害者，使其产生不安全感，而他们自己则陷入冰冷的沉默中，以表达自己情绪上的不满。对于受害者来说，这种沉默要比尖叫和侮辱更糟糕。它让人产生持续的恐惧与困惑，以便于情感操纵者进一步操纵对方。恐吓型情感操纵者十分擅长利用悖论式沟通策略（详情参阅第五章），让受害者觉得自己说的话都是错误的，使得受害者产生走投无路之感，最终举手投降。

2.**诱惑型**。诱惑型情感操纵者是最难识别的一类。起初他们温文尔雅，对受害者关怀备至。然而受害者很快便意识到，对方所有的言行并没有考虑到自己的实际需要，而只是实现他们个人需求的表演。接着，受害者开始觉得自己只是一个人微言轻、可有可无的观众。诱惑型情感操纵者是洗脑大师，通过诱使他人怀疑自己评判现实的能力，从而使对方产生困惑，质疑自己的价值观，直到让对方产生失望的情绪，甚至变得歇斯底里来进行操纵。

3.**被动攻击型**。他们看似与受害者肝胆相照、谦卑友善、无可挑剔，迷惑着身边所有的人（包括受害者与亲朋好友）。但只要受害者对他们的选择提出疑问，或让他们失望一次，被动攻击型情感操纵者便会利用受害者害怕独自面对未来的恐惧来威胁受害者。最初他们貌似顺从，但其实说一套做一套，会抓住一切机会伤害受害者的自尊。他们会将所有失败的责任都归咎于受害者，让受害者感到自己毫无用处、无能为力。

第四章

情感操纵的不同阶段

> 我需要的就是那种被别人需要的感觉。我需要的是，对别人来说，我是不可或缺的。我需要一个人，他能打发掉我所有的空闲时间，使我放弃自我，转移我的注意力。一个对我上瘾的人，我们互相上瘾。
>
> ——恰克·帕拉尼克（Chuck Palahniuk）

无论在何种关系中，爱情或是其他，情感操纵都是一个循序渐进的过程，都会经历相同的阶段。

情感操纵者知道如何让你毫无察觉地坠入他们的大网中：起初，他们扮演成你亲密的朋友、善解人意的上级，或推心置腹的同事，在确定你已在他们股掌之间时，才会向你展开攻击，伤害你的自尊心，并诱使你将自己完全交由他们掌控。

我将在本章主要讨论与情感操纵者建立恋爱关系所经历的几个阶段。当然，与情感操纵者产生其他类型的关系也同样会经历这些阶段。

初遇

至此，我相信你已经了解你在和什么人交往了。情感操纵者出色的伪装情绪的能力使得他们变得尤为危险。欺骗我们并不难，因为不幸的是，大多数人（与情感操纵者不同）倾向于相信他人。从小，大人们便教育我们要做一个善良、自信、相信别人的人，而情感操纵者也恰恰利用这一点来让我们掉入陷阱。

他们十分了解与其他人相处的基本规则，却对其不屑一顾，反而借此设计陷阱，让我们付出惨痛的代价，自己却毫发无伤。他们就像使出诸多诡计居心不良地潜入我们生活的秘密特工一样，但其目的并不是抓捕危险罪犯。

以下为情感操纵者在初见时使出的计谋：

- 初次聊天的时间一定不会太长，在激起你对他们的好奇心之后，他们就会找借口溜走。
- 他们会使出浑身解数，比如夸张的笑容，让你感觉他们亲切友好。
- 他们会用真诚的态度、简短的词句、沉稳的语气、开放性的问题与你交流。
- 他们会使用恰到好处的音量，重复你说过的句子。
- 他们会向你提供或寻求帮助。比如送你一件小礼物，也许是他们随身携带的小物件（比如手镯或打火机）来表示对你的好感。他们知道你在接受礼物之后一定不会拒绝他们小小的请求，这样两人就有了进一步发展的可能。此外，我们绝大多数人会本能地回应任何求助请求，而不会问太多关于求助对象的问题，至少在一开始是这样。情感操纵者也很清楚这一点。

- 初次见面时，他们会放低姿态，全神贯注地听你讲话，看起来好像只关心你一个人一样。
- 他们知道所有人都喜欢成为关注的焦点（没关系，我们可以坦白地承认自己有这种想法，这没有问题），因此当我们面对一个似乎对自己讲话很感兴趣的人时，便会本能地对他产生好感，认为这是一个值得深交的人。这时意味着操纵者已经胜你一筹了。
- 这类人在恋爱初期会假装和你有相同的兴趣、相似的口味等。为了之后的顺利操纵，他们会尽可能多地获取你的信息。只有这样他们才能慢慢进入你的精神和情感世界，了解你内心深处的伤口，以窥间伺隙再次将其撕开。

爱情轰炸

起初，一切都很美好。情感操纵者会伪装成童话里迷人的王子或美丽的公主，或者作为你亲密无间的朋友、完美的同事、体贴的老板，让你获得从未有过的关注、自信和安全感。这个阶段被称为"爱情轰炸"阶段（从字面上讲是"对爱情的轰炸"）。

第四章 情感操纵的不同阶段

在这个阶段,一切都令人难以置信般地完美。这是第一个需要警惕的信号:盈则必亏。他们假装只关心你一个人,觉得你独一无二,他们说自己有多么幸运才能遇到你,永远不会离开你,对你百依百顺。而这些都是他们欲擒故纵的诡计。

在这个阶段,他们会经常对你说:

- "我们真是情投意合,天生一对";
- "我们的爱好真的完全一样";
- "你可以和我畅所欲言";
- "我喜欢你的一切";
- "你可以信任我";
- "我一定不会辜负你对我的信任";
- "我永远都不会离开你";
- "你是我见过的最好的人";
- "你是独一无二的、最珍贵的";
- "我不能没有你"。

这些迷惑性的话语就是你长久以来一直在寻找的回答。被人捧在手心的感觉、海誓山盟的爱情令人神思恍惚、无法抗拒。

此阶段的情感操纵者主要有两个目标:成为受害者情感上唯一的依靠;将受害者同其家人和社会隔离开来,以便于操纵。

当他们感觉已经达到了目标，你已处于他们的股掌之间时，便会立刻翻脸无情。但此时的你已深陷其中，无法自拔。

这是一种非常有效的策略。那些在童年时期经历过痛苦，比如不被父母看好、缺爱、不受欢迎的人更容易成为受害者。情感操纵者的关心和赞美满足了受害者内心深处（甚至是无意识）的需要，因此情感操纵者能够乘虚而入。就算是受过良好教育、社会地位高的人也难以逃脱。因此，潜在受害者的"市场"是巨大的，情感操纵者可以随心所欲地在其中筛选"猎物"，而不会受到任何惩罚。

为了加快操纵进程，或评估目前的操纵程度，他们可能会交替使用爱情轰炸和冷暴力策略。他们沉默一段时间后就会像没事人一样重新出现在你的面前，反过来责怪你无理取闹，浪费他们的时间。他们通过玩弄你最深层的恐惧——害怕被抛弃，来激发你对他们的狂热之情。

然后你竭尽全力挽回这段感情，不停地给对方打电话，问他们自己哪里做错了，为了让他们回到自己身边愿意做任何事，苦苦寻求他们的原谅。但其实这样正中情感操纵者的下怀，他们终于确认现在的你已任由他们摆布，接下来他们可以为所欲为了。在虐待和残忍方面，他们始终更进一步。不幸的是，与这些人在一起总是这样，结局永远不会改变：他们会把你撕成碎片。

第四章 情感操纵的不同阶段

想要在爱情轰炸阶段识破对方的真面目吗？——和他们交谈时,请特别留心这一点:情感操纵者不会长时间将注意力放在与他们无关的事上。

黄粱一梦

在爱情轰炸阶段末期,受害者为了挽留情感操纵者愿意做任何事。情感操纵者逐渐向受害者提出严格的规则和限制,比如禁止受害者见一些朋友,或让受害者告诉他们自己的手机密码(包括所有社交账号的密码),以衡量现在对受害者掌控的程度。如果接受了他们无礼的要求,那么受害者已走上通往地狱的道路,这涉及以下几个阶段:

- 逐渐使受害者脱离原来的社交圈(朋友、家人、同事等);
- 让受害者只依靠他一人,如果离开他便无法继续生活,二者建立变态的共生关系;
- 限制受害者所有的活动;
- 通过不断威胁要抛弃受害者而达到控制他的目的;
- 不停地贬低受害者,伤害其自尊心;
- 通过身体和心理上的威胁来恐吓(比如"如果你再和朋友们出去,我们就立刻分手"或"我要把你关在家里绑起来");

- 通过提出无礼的要求（通常涉及性关系）来扭曲受害者的价值观；
- 使用虐待手段。

情感操纵者逐渐将受害者同家人与朋友隔离开来，建立排他的共生关系，以此传达这样的信息："如果你希望我和你在一起，就要只属于我一个人。"他们抱怨受害者的朋友、家人、同事难以相处，但被问及原因时却又理屈词穷。

他们也开始对受害者进行精神和身体层面的攻击，目的在于摧毁受害者的自尊心，使受害者怀疑自己，以至于让受害者觉得他们对自己的侮辱、殴打都是合情合理的。

在这个阶段，他们利用受害者的心态——负罪感和对认同的渴望，强迫受害者接受自己原本无法忍受的事情，扭曲受害者的价值观，从而使其违背自己过去信奉的准则。比如，他们可能会强迫受害者与他们发生性关系，受害者为了不失去他们而迫不得已地接受。

接下来，情感操纵者会因为微不足道的小事而嘲笑、贬低、羞辱受害者。受害者的情绪重心逐渐转向他们：因为他们的喜眉笑眼而心花怒放，因为他们的指责批评而不知所措。此时，他们已经稳操胜券将受害者牢牢掌握在手心，让受害者相信没有他们自己便活不下去，未来无人关心，孑然一身。受害者只想满足他们所有无礼的要求，以便从他们身上得到一点仁慈的"施舍"。

受害者亦步亦趋的被动性，导致他们非常容易陷入三种非常危险的精神陷阱：习得性无助、精神入侵以及二元思维。这些是受害者需要击败的主要的内在敌人，只有这样受害者才可以解放灵魂和心灵，最终找回并拥抱自己。

斯特恩：心理操纵三阶段

罗宾·斯特恩深入研究了心理操纵的演变过程，并将其分为三个主要阶段。我将从情感操纵者与受害者在日常生活中的语言与行为表现角度来解读，以帮助你尽早发现情感操纵者的真面目。请牢记，预防胜于治疗，摆脱情感操纵者的操纵的唯一真正有效的治疗方法就是预防。

阶段一：犹在天堂

受害者在这一阶段就像身处人间天堂，不会察觉到任何需要警戒的情况。这时情感操纵者完全不引人注目，甚至连受害者最亲近的人也无法感知到危险。情感操纵者会在受害者的生活和社交网络上广受欢迎。

在第一阶段，受害者几乎没有给自己辩护的余地，他们必须时刻注意两人之间发生的小矛盾或者误会。每当事情不如情感操纵者所愿时，他们便会表现出过于敏感易怒的态度。

这个阶段的持续时间不固定。如果你经常对他人的行为产生疑问，或者相反，经常为他人的所作所为进行辩护的话，那么你面对的便是处在第一阶段的情感操纵者。不要低估这一迹象，它是问题出现的初期症状之一。如果你能及早认识到这一点，那么最好谨慎行事。

此阶段末期的关键词是困惑。因为在与他人互动时，你经常会感到疑惑，无法预测他们在各种情况下的反应。我们可以说，正是由于这种困惑，受害者才会被带入下一阶段。你越感到困惑，就越会寻求情感操纵者的认可来减轻自身的痛苦，从而很快地陷入阶段二。

阶段二：寻求认可

所谓的"解释陷阱"标志着操纵的第二阶段的开始。受害者会不惜一切代价（比如告别自己的过去，放弃自己从前的所有努力）来寻求情感操纵者的认可。情感操纵者的目标在于让受害者感到满腹狐疑，不解其意。这是侵略受害者的自尊的第一个表现，狡猾但有效，让受害者面对他们时感到自愧弗如。

通常,当情感操纵者感知到受害者对他们失去兴趣时便会走到这个阶段。也许是因为发生了一些事情破坏了生活本来的稳定,使他们感到自己失去了对现实的控制,产生了深深的焦虑。这种焦虑感会促使他们加强对别人的控制,以恢复自己的精神状态。换句话说,他们对受害者的控制权越大,便越感到宽慰。到那时,情感操纵者离开受害者便无法存活,受害者必须回应并满足他们所有的要求。

受害者现在正处于条件反射阶段:由于害怕惹恼他们,让他们失望,受害者不再随意说出自己的想法。也就是说,受害者的思维和行动受到对方反应的制约。陷阱现在已经布置好了,但是受害者似乎还没有意识到——不像受害者周围的人(朋友和家人)——他们开始注意到一些重要的变化。受害者逐渐脱离自己原来的生活环境,与朋友和家人不再像从前那样相处。受害者总是被伴侣"护送"着,内心却没有意识到这种变化。而且如果家人朋友提醒受害者的话,受害者便会为对方列出一长串借口,这些借口一个比一个站不住脚。

事实是,受害者无法忍受让情感操纵者失望,为了获取情感操纵者的赞美,甚至愿意放弃个人自由。现在的受害者只在乎一件事:讨好情感操纵者,或起码不要激起对方的怒火。受害者逐渐开始满足于情感操纵者给予的少得可怜的深情,以至于受害者愿意放弃一切，甚至是自己。为了避免可能造成的误会，受害者会把自己关在家里。

寻求认可是这一阶段的关键词。为获得情感操纵者的认可，受害者满足他们的所有要求，认同他们的全部想法（甚至是受害者认为很荒谬的）。受害者想向他们表明，自己愿意做任何事来维持这段感情，而他们只想告诉受害者，他们永远是对的，他们比受害者更好，而受害者一无是处。受害者越卑躬屈膝，他们越鄙夷不屑。记住：他的满足感都是通过不断地贬低受害者而得到的。对受害者来说，情感操纵者的认可就像毒品一样，他们也非常清楚吸毒者为了获得一丁点儿毒品愿意付出什么代价。受害者无法忍受戒掉它，那只会使其产生自我毁灭的想法。在此阶段，受害者可以被动接受的情感敲诈是无止境的，而且这取决于制定这种"酷刑"的情感操纵者的"创造力"。

情感操纵者随后会布下自己喜欢的精神陷阱之一：情感末日。他们在无能为力的受害者面前大喊大叫，然后头也不回地离开，完全与其断了联系。当受害者第一次遭受这种待遇时，会在很长一段时间内处于痛苦与焦虑中，为了避免再次遭受这种羞辱以及随之而来的被抛弃的痛苦，愿意付出一切代价（情感操纵者会战略性地采用沉默的方式来应对，详见第五章）。

此时便开始出现所谓的"精神入侵"：受害者的想法完全被

操纵者同化（详情参阅第五章）。受害者感觉情感操纵者仿佛一直在自己脑海中说话，受害者只相信他们的话，采纳他们的观点，渐渐忘记自我，迷失方向。这种精神依赖会逐渐将受害者吞噬，而这是受害者维持两人关系要付出的代价。受害者慢慢陷入持续悲伤的状态，总是感到很疲倦，失去了生活的动力，连对自己平时一向充满热情的爱好都失去了兴趣，大部分时间都在思考如何避免下一次的危机。

受害者总是想在所有人面前为情感操纵者正名。事实上，受害者的亲友都开始注意受害者的怪异和激进行为，受害者变得越来越像情感操纵者。受害者责怪自己导致了情感操纵者如今的飞扬跋扈，接下来便进入斯特恩描述的第三个阶段。

阶段三：一举毁灭

心理操纵的第三个阶段也是最终阶段，同时是精神入侵的完成阶段。现在的关键词是：毁灭。受害者的自尊防线已被彻底击溃，为了获得情感操纵者的认可，免于承受被抛弃的痛苦，受害者已成为完全被动的受害者，对情感操纵者百依百顺，变成情感操纵者想让自己成为的样子，此时受害者的精神世界已经扭曲了。受害者将自己生活的权杖毫无保留地交给情感操纵者，也就是说，受害者失去了话语权，成为对情感操纵者言听计从的机器。

情感操纵者不会给受害者绝处逢生的机会，仍会对受害者冷眼相待，一有机会便贬低受害者，以巩固自己现在的地位。身体暴力与性暴力会在这个阶段随之而来，因为他知道自己在受害者心中的地位举足轻重，受害者已无力抵抗，只能言听计从。

这就是为什么在此阶段受害者无法自救，出于羞愧也不想向他人提起自己的苦恼：害怕被别人说自己为了爱情而自我毁灭。受害者现在感到自己授人以柄，愚蠢至极，奄奄一息。另外，如果受害者还没有发现自己是被自己绊倒的，那么受害者就很难走出陷阱。受害者为了无条件的爱而使自己陷入地狱，内心千疮百孔，而且没有人可以帮到他们，只能自己在角落偷偷流眼泪。

严重者甚至会出现明显的身体衰弱症状（如体重暴增或暴减、脱发、胃肠道问题、偏头痛、睡眠－觉醒周期紊乱、心动过速、肌肉痉挛和震颤、皮炎等）和心理问题（如惊恐发作、焦虑、抑郁、神经抽搐、产生自杀倾向、突然大哭、失眠、睡眠过度、难以集中注意力、易怒、高度紧张等）。

经历这一阶段后你再想恢复正常生活举步维艰，但也不是没有可能。迷途知返永远都不算晚，当然，这需要时间、耐心和朋友的帮助，出路一定比你想象的要多。无论如何，第一步都是相同的：只有认识到情感操纵者的真实面目（一个脆弱拙劣的人，一只以他人痛苦为食的寄生虫），你才真正有机会摆脱他们。

第五章

常见的情感操纵工具和陷阱

> 在强权看来,牺牲品的痛苦是不知好歹。[1]
>
> ——拉宾德拉纳特·泰戈尔
> (Rabindranath Tagore)

本章将讨论情感操纵者常用的手段与陷阱。为了更好地理解它们,首先,你要清楚自己身处的场景,情感操纵者们要达到的目的——明白这些不仅能帮助你快速识别他们使用的手段和布置的陷阱,还能助你化险为夷,躲过它们。

场景

根据情感操纵者的目的,比如诱过于人,让受害者俯首听命、张口结舌,或是让受害者将关注点放在他们身上,强调自己的主权和优越感等,我设置了以下常见的场景。

场景1:"除了我以外,你不可有别的神"[2]

我们知道,情感操纵者不允许任何人做出自己的选择,他们

---

[1] 译者注:冯唐译。

[2] 译者注:语出《出埃及记》20∶3。

的行为的弦外之音是:"你属于我,你必须向我表示无条件的忠诚""你只能有我""你必须觉得我无可替代"等,忠诚即俯首称臣。每当受害者要求自主权或表现出独立时,他们便会闻风而起,不择手段地修复这条不容侵犯的纽带。

他们经常说:"你必须按我说的去做,否则我就离开你/否则我就自杀,我为你做了这么多,是你欠我的。"这些变成邪恶的咒语,他们一遍又一遍地重复。或者,他们会逼迫受害者做与自己价值观背道而驰的事情。也许他们还会将过错归咎到受害者的身上:这是他们喜欢的心理游戏之一,以此宣示对受害者的权力。

场景2:"这不是我的错"

情感操纵者从不承认自己的错误,更不用说承担责任。事实上,他们会将同一事件改编成不同版本,以避免大家知道真相后自己需要承担责任。在他们看来,他们无懈可击,没有任何缺点,受到指责或批评(就算是建设性的意见)时一定会立刻回击。问题永远都出在别人的身上,让他们承认自己的错误简直是痴人说梦。

场景 3："别人不需要知道我们的问题"

另一个需要考虑的问题是，由于缺乏自尊心，情感操纵者们非常害怕别人知道自己的真实性格（隐藏在利他主义、风趣，或铁面无私，或为爱奋不顾身等面具背后的性格）以及自身的实际情况（比如自己从事的工作、取得的成就、社会地位、人际关系质量等）。由于他们在这些事上谎话连篇，你总会一次又一次地听到相同的要求："你不要和别人谈论我/我们的问题。"

当面具被揭下时，他们便会陷入无尽的羞愤当中。这就是他们会攻击那些试图尽一切可能揭露他们的人，然后强迫性地使这些人成为真正的被骚扰者的原因。情感操纵者们非常清楚，在一段恋爱关系结束时，前任受害者是唯一能够揭露他们真实面目的人，所以他们会在尽可能多的人面前散布前任的谣言，使前任名声扫地。

毫不奇怪，"别人不需要知道我们的问题"在受害者与外界之间筑起一堵高墙，庇护着情感操纵者们，使他们能在墙内肆意妄为（侮辱、虐待、各种暴力行为）而不会被窥见。

场景 4："一切都要围着我转"

情感操纵者们希望整个世界都绕着他们的想法和要求而转：他们丝毫不考虑他人的感受而肆意妄为，当发现自己不在宇宙中心时便会感到深深的焦虑与痛苦,因为此时他们又回到了从前不被爱、不被认可与不被接受的状态。

就像在公园里被其他小朋友拒绝加入游戏的孩子一样,情感操纵者们将任何来自他人的拒绝都视为洪水猛兽,任何妨碍他们实现愿望的阻碍,甚至是微不足道的波澜都会引发他们深深的挫败感。他们认为自己有权不遵守伦理道德、法律规范的条条框框,甚至可以根据自己的需要设置其他的法则。而当他们陷入困境,被迫面对自己造成的恶果时,便会瞋目切齿,火冒三丈。愤怒也是他们无数伪装中的一个,因为除了用愤怒来掩饰痛苦,他们别无他法,此时犹如困兽之斗。

但是,如果你已决定和情感操纵者开始这场斗争,请一定要立刻付诸行动,坚持到底,不要被他们俘虏。虚张声势只会暴露你的弱点,一旦宣战你便不能回头。

场景5:"我不需要任何人""没人能比得上我"

在这种情况下,情感操纵者的主要目标是贬低所有引发他们嫉妒之心的人,以病态的方式维持他们理想化的自我形象。他们常常向受害者灌输"我不需要任何人"或"没人能比得上我"的观念,一生都活在矜名妒能中,以保护自己可怜的自尊心。对别人的品质的嫉妒是他们整个生命过程中一件永恒的事情。

当他们体验到这些时，便会立即否认自己所嫉妒的品质，贬低拥有这些品质的人，并产生自己无所不能的错觉，以弥补自己非常低下的自尊。

我完美无缺

为了保护脆弱的自我，避免任何导致自卑的事情发生，情感操纵者采取了一系列的心理防御机制来保护自己的自尊心。学会识别这些机制至关重要，它们的主要表现如下所述。

1.**理想化与贬低的极端**。情感操纵者无法以全局视角综合评价他人的优缺点，而是把极端积极或极端消极的特点归于自己或他人。在最极端的形式中，这种防御机制实际上是分裂的：它们会"一刀切"地将人分为黑与白两个极端，一个人要么是完全好的，要么是完全坏的，不存在任何灰色地带。显然，情感操纵者认为，那些能满足他们的狂妄自大，相信他们的面具并使他们感到被渴望，认为他们举世无双的人就是"好人"，而任何表现出困惑，打破他们操纵的恶性循环的人都会被列入"黑名单"。特别是在恋爱最初的甜蜜期结束时，患有边缘型或自恋型人格障碍的人（详情见附录B）会从将对方理想化转为启动防御机制，即贬低和羞辱对方。在这一点上，受害者的情况会变得非常复杂。

2.分裂。情感操纵者通常以扭曲的方式叙述(甚至是在最严重的情况下)过去的事件,为了逃避痛苦,甚至会将事件从记忆中抹去。换句话说,他们"潜在地"忘记了所有不适合他们的东西。

3.合理化。这是这些人最常用的防御机制。这种机制指为不愿接受批评指责、个人失败等态度赋予看似合乎情理的解释,以获得心理安慰,避免承受挫败感。其真正目的在于扭曲现实,混淆视听,以自欺欺人的方式自圆其说。酸葡萄心理便是典型表现之一——狐狸摘不到晶莹剔透的葡萄便安慰自己说葡萄是酸的,以平衡自己的心态。再如,男孩和朋友一起去游泳池,但因为"可能会得病"而不下水,实则是羞于承认自己不会游泳。简言之,情感操纵者利用合理化解释来为自己开脱(即使是面对自己),逃避承认自身的局限,直面自己的失败。这种机制就是所谓的悖论式沟通的基础,我们将很快看到这一点。

4.投射。这是偏执狂最常使用的防御机制。情感操纵者将自己所不能接受的感情、性格与需求投射到别人身上,认为他人也有同样的特点,让别人产生愧疚感,但他们不对此承担责任。他们在某种程度上是"无论你做了什么或说了什么,都会被用来对付你"。情感操纵者自认为是正义的法官,负责审判众人的罪行。这种机制允许(以无意识的方式)一个人将自己的特点、自己的愿望、自己认为不被接受的感觉归因于别人(或他们自己)。紧接着,被指控的"罪犯"将被情感操纵者视为潜在危险,会对他们构成威胁。情感操纵者还会不断地将自己的自卑感投射到他人身上。一个典型的例子是,在社交媒体时代,他们会认为他人或某个团体发布的每一条帖子(尤其是调侃或讽刺类的)都是在说自己,认为自己被冒犯或被戏弄。他们似乎处于一个真正只存在于他们头脑中的阴谋的中心。

5. **否认**。如果情感操纵者感到自己的威严受到了质疑,甚至会否认确凿的证据。否认机制是指为了获取心理上的安慰,避免产生挫败感而驱除自己不安的感觉或情感。分离的主体是事件本身,而否定的主体是想法、情感及感觉,不是事件或产生事件的情境。这样,他们与现实就不会脱轨。比如有些情感操纵者在一段恋情结束后,会否认自己对前任曾经动情,甚至否认两人之间存在过恋情,声称只是简单的调情。而事实是两人已经相处了很长时间,对方因忍无可忍而抛弃了他。我曾遇到过这样一个案例,一个情感操纵者与前任分手后拼命否认两人过去的关系,说对方只是他的秘书,他看她可怜便收留她在家里免费住了很多年。

6. **转移**。情感操纵者将自己的过错归咎于他人,颠倒黑白以减轻自己的焦虑。这种机制能够使他们在一个基本点上感到安心：他们和他们的行为没有任何问题，所以他们很受欢迎。

对于情感操纵者来说，维持理想化的自我形象至关重要，他们可能会采取以上一种或多种机制来将自己所有的负面部分外向投射到他人身上。上文所描述的行为可以追溯到我们现在熟知的一种作案手法，它包括两个关键步骤：

- 践踏受害者的自尊心；
- 消极制约。

六种说服技巧

一个情感操纵者往往也是一个很好的沟通者。为了使心理操纵产生预期的效果，他们会使用特定的沟通形式，从而触发由重复的词语和句子构成的真实的语言陷阱。

美国两位著名的心理学家菲利普·津巴多（Philip Zimbardo）和罗伯特·恰尔迪尼（Robert Cialdini），根据常见的心理操纵策略总结出一些典型的交流模式。恰尔迪尼特别指出了六种在特定情形下会奏效的说服技巧，而这也被情感操纵者广泛应用到自己的语言陷阱当中。

1.**互惠**("滴水之恩当涌泉相报")。指回报与索取的关系。比如店主向顾客赠送免费样品即运用了这个原理:他们给予顾客极少量的产品,使后者想以回购作为回报。

2.**登门槛效应**。它基于人们希望自己言行前后一致的心理需要。比如商业上对登门槛效应的应用:商家先挂出低价来吸引顾客完成小额交易,再诱导他们进行大量购买。

3.**社会认同**。有时我们通过观察他人的行为来暗示自己正确的行事方式。这就是为什么当别人也这么做时,我们倾向于认为这种行动是正确的。比如拍广告时启用代言人便运用了这个原则。

4.**好感度**。一般来说,我们更容易被我们认识和喜欢的人,或认为与自己相似的人说服。

5.**权威性**。我们通常尊重权威,倾向于遵循某个领域权威(或虚假的权威)人士的命令或建议。因此,商家通常选择用牙科医生来代言牙膏广告,用运动员来代言体育锻炼用品。

6.**稀缺性**。产品的供应量有限时会使它变得更加具有吸引力。所以商家经常会采用数量有限或有效报价只有几天的策略。我们通常在锅盘电视销售或沙发广告中看到这一点。

诡计多端的情感操纵者

之前的章节林林总总地介绍了情感操纵者经常使用的手段，现在我们对这些手段进行总结：

- 罪恶感：情感操纵者通过语言陷阱，使受害者自惭形秽，认为他们才是委曲求全的一方。
- 否认：否认自己的所作所为。为了保护自己，会对受害者的言行提出疑问，直到受害者也对自己产生怀疑。
- 诿过于人：总是将自己的过错推给他人。
- 采取被动攻击型态度：自己从不直面问题，总是把问题留给受害者来解决。
- 完全抵制：在正式表示要帮助受害者之后，以清醒和蓄意的方式抵制受害者的计划，使一切看起来完全是非自愿的。
- 情感敲诈：强迫他人关心、照顾自己，甚至威逼利诱别人做出自我牺牲的行为来照顾自己的负面情绪。
- 冷漠无情：从不聆听他人的想法，对身边的人漠不关心。
- 以自我为中心：认为自己始终应该是大家关注的焦点，不容置喙。

- 批评指责：情感操纵者是批评风暴的中心，对任何事都要指手画脚。例如：

    对事实进行夸大，侮辱或冒犯他人；

    在讨论或争吵中引发激烈而微妙的批评；

    为了赢得辩论而批评他人；

    由于你解释或提出异议而批评你（也许还会当场离开）；

    对你进行与实时聊天话题无关的批评。

他们还擅长利用各种手段来动摇受害者的心态，对受害者进行掌控：

- 用手势、表情和语言吓唬受害者，例如恶狠狠地盯着受害者，或用身体威胁（如凑近受害者的脸发号施令）；
- 对宠物甚至亲人使用肉体暴力或死亡威胁来恐吓受害者；
- 毁坏对受害者来说有情感价值的私人物品；
- 勒索；
- 私底下或在公共场合批评指责受害者；
- 诽谤中伤受害者；
- 拒绝沟通，使用冷暴力；
- 讽刺、嘲笑、鄙视、侮辱受害者；
- 限制受害者的人身自由，并使受害者在社交上被孤立；

- 威胁要自残或自杀；
- 背叛；
- 故意把第三者带回家；
- 通过信息与电话跟踪受害者（跟踪狂）；
- 把对自己的批评指责全部转移到受害者身上，令受害者受人非议；
- 把受害者锁在家中进行身体暴力（殴打、烧伤等）；
- 剥夺受害者的所属（食物、护理用品、其他个人物品、隐私、行动自由、与外界的接触等）；
- 通过不断地贬低和让受害者"贬值"的行为（比如强迫发生性行为等），侮辱受害者的人格尊严；
- 强迫受害者改变行事方式，通过惩罚来建立自己的绝对控制权；
- 要求受害者做任何事之前都要经过他的允许，受害者提出任何请求都要接受惩罚；
- 变态地要求将日常行为仪式化（比如强行规定衣橱中衬衫的叠放方式，要求衣服的每一个褶皱都要达到完美），导致受害者患上长期强迫症；
- 让受害者相信自己已经丧失理智（煤气灯效应，请参阅下文）。

情感操纵者们通过设置陷阱来攻击受害者的自尊心。了解这些陷阱的运转机制有助于你对症下药，找到最合适的对策。

陷阱

情感操纵者诡计多端，他们利用语言陷阱——如向受害者重复说特定词语或句子以达到洗脑的目的，或通过精神陷阱来进行操纵。其中有三种精神陷阱较为致命：

- 习得性无助；
- 精神入侵；
- 二元思维。

习得性无助

习得性无助在于使受害者相信，他们无论做什么，都永远不会取得积极的结果。他们做什么或说什么都没关系：情感操纵者永远不会幸福。掉入这种陷阱的人会陷入永久的消极状态，这使他们与现实完全隔离，并断绝了任何解放或改变的可能性。这种思维机制会影响他们对自己和对世界的看法，典型表现如下：

- 受害者失去继续抗争的动力，屈服于现实处境；

- 消极接受自己作为受害者的现状；
- 不从错误中吸取教训，认为自己无力走出困境；
- 怀有消极的世界观，并确信自己无法摆脱所处的牢笼；
- 不做重要的决定，闭关自守，被动挨打，因为认为自己已失去对生活的控制。

精神入侵

精神入侵是一种突破精神防线进而影响及转变受害者思维的策略。情感操纵者利用焦虑（以及恐惧）来制造这种名为"精神入侵"的致命影响。

他们的目的在于摧毁受害者的自尊心，使受害者怀疑自己，甚至认为他们的侮辱、殴打都是合情合理的……不管出于什么原因，受害者都会被嘲笑、被羞辱、被蔑视。他们强迫受害者违背自己的基本价值观，将受害者置于他们不可能做的选择面前，而受害者为了取悦情感操纵者自轻自贱，毫无下限。

精神入侵的后果是，受害者的所见所闻所想都取决于情感操纵者的意愿。正如法国心理学家弗朗索瓦丝·西罗尼（Françoise Sironi）指出的那样，这会导致受害者自我贬低，害怕说话，害怕提出要求，害怕捍卫自己的权益，害怕希望落空。受害者执着于获得对方的认可，却无法为自己考虑。受害者的私人空间逐渐被攻占，与社会隔绝开来，由此失去了独立看待世界的工具。然后受害者被迫接受情感操纵者的观点，并因羞耻感而缄默。

有两个因素会导致精神入侵的产生：

- 无意识地认同操纵者的观点；
- 受害者痛苦的持久性：这种痛苦可能会在两人分开之后持续多年（有科学文献表明，这种策略的影响也会在两人关系结束后表现出来）。

二元思维

这是一种不容置疑或推理的思维机制。情感操纵者向受害者提出问题，受害者只能回答"是"或"否"，是你还是我，没有细微差别。无论怎样，我们的目标都是战胜对方。比如操纵者经常说："你要按我说的去做，明白吗？"如果受害者试图反驳说自己想做其他事并解释原因的话，那么对方一定会大发雷霆，直到听到受害者说"是"。

这种思维无法预测，毫无逻辑。在博弈中只有最暴力的人（操纵者）才能获胜。

煤气灯效应

"煤气灯效应"[1]一词来源于1944年的黑色悬疑电影《煤气灯下》[2]（*Gaslight*）。它可能是不公平的操纵形式之一，因为它试图扭曲和侵蚀受害者对现实的认知，从而极大地影响受害者的自信。它通常会导致受害者选择不向别人提起自己的遭遇，因为担心自己不被他人相信（这也是大多数情况下遭受精神虐待的人不提出申诉的主要原因之一）。这就导致情感操纵者逍遥法外。这是洗脑过程的一部分，有些男性用它来消耗伴侣的精神和体力。

洗脑过程分为三个阶段，与第四章中讲述的建立关系的几个阶段平行发展。

阶段1：与爱情轰炸阶段对应。一切看似完美无缺，受害者沉醉于爱情（虚构的）的甜蜜（也与生化水平上的催产素有关）中，被一股满足的浪潮（虚幻与短暂的）所淹没，被情感操纵者所有可能和想象得到的爱的表现所支持。在此阶段，受害者开

---

[1] 译者注：煤气灯效应是指一系列高度操纵性的行为，会逐渐导致受害者质疑自己的精神状态与对现实的批判能力，开始质疑自己的看法和评价，感到依赖和困惑，直到自暴自弃或丧失理智。操纵者经常会说"没有的事""只是你的想象"或"你真是疯了"之类的话。

[2] 原注：《煤气灯下》，导演乔治·库克（George Cukor），美国，1944年。

始建立对另一方的信任,这份信任会持续到后续阶段,直到受害者泾渭不分地认为对方在所有事情上都是正确的,而自己总是错误的一方。

阶段2:出现不利的一面。情感操纵者开始攻击受害者的自尊。他们突然变得冷漠、疏远、残忍,把受害者淹没在批评的海洋中。受害者不知道哪里出了问题,只能苦苦哀求对方不要抛弃自己。受害者开始狐疑不决,是不是自己不够听话,不够美丽,不够善良,宁愿把所有过错都推到自己身上也不愿怀疑他们一分。情感操纵者就像毒贩一样,让受害者完全依赖他们然后触发受害者的戒断反应。在此阶段,受害者感到自己迷失了方向,无能为力,行为倒退回儿童时期,需要对方的照顾与关心。受害者的脆弱便是情感操纵者的养料,使他们越发不可一世。这种相互依赖逐渐成为恶性循环,受害者的精神状态越差,折磨受害者的人就越有力量和满足感。举个例子,在爱情轰炸阶段后,情感操纵者为了确认他们对受害者的掌控程度,开始批评受害者的身材,说受害者不像过去那样有吸引力。尽管受害者的体重实际只增加了两公斤(完全看不出来),却因为害怕失去他们,完全相信他们说的话而开始疯狂地节食。这便是阶段2的运转机制。

阶段3:最令人恐惧的场景即将出现:抛弃。情感操纵者将抛弃作为威胁受害者的筹码。他们会暂时消失一段时间（或长或短），完全不在乎他们给受害者带来的深重痛苦，也不在乎受害者试图摆脱这种困境所付出的代价。受害者越撕心裂肺，他们越沾沾自喜。他们的目标恰恰是毁了受害者的生活，将受害者的生命的能量消耗到最后一滴，只为下一个来者留下一片荒芜的沙漠。情感操纵者无法忍受"猎物"再次爱上其他人，所以尽管他们让受害者遍体鳞伤，但一旦知道受害者开始新的生活，便极有可能重新露面，唯一的目的就是再次毁灭受害者，阻止受害者把注意力放在一个新的伴侣身上。他们回来没有别的理由，只为让受害者把所有浪漫的幻想都忘掉。在这一点上，揭露他们的真实意图并不难。

到这里，情感操纵者已经成功达成自己的目标，确认已将受害者牢牢掌握在手中。

根据罗宾·施特恩的理论，对受害者的煤气灯操纵包括三个基本的步骤：

1.满腹疑团。受害者无法解释这突如其来（且不可预测）的变化，从而陷入混乱。受害者没有做任何事却导致自己得到这样的对待，但无法阻止对方对自己产生影响。请记住：每当你开始质疑你曾经认为正确的事，开始不相信自己的直觉时，都会给自尊心带来沉重的一击。情感操纵者非常了解这一点，然后一点一点地夺走受害者最珍贵的东西——对自己的尊重。

2. 故作借口。受害者不再相信自己的记忆与对现实的认知，逐渐依赖情感操纵者及他们的观点来避免陷入焦虑。

3. 意志消沉。此时受害者已完全落入情感操纵者手中，他们的操纵越来越具有侵入性。受害者开始表现出抑郁症的典型症状，慢慢与过往的生活切断联系。

为了抵制这些操纵意图，重要的是要依赖于你的真实经历。在事情发生后，立即写下并描述事件的发展过程，告诉朋友或咨询心理治疗师，这样做有助于减少负面影响，他人的支持有利于加强你对自己及现实的认知，使你开始重新相信自己的所见所闻所感所想。

颠倒黑白

情感操纵者拒绝承认自己的缺点与错误，反而将问题归咎于不知情的受害者。他们不会承认自己有可改善之处，而是让受害者对他们的行为负责，并引发受害者的羞愧感。这就是他们向他人投射自己羞愧感的方式。因此，这种陷阱与我们之前看到的投射机制有很大的关系，以下为一些经典的示例：

· 说谎癖者指控你说谎；

· 连环出轨者指责你背叛他；

- 工作效率低下的员工说自己的上司无能。

悖论式沟通

情感操纵者常常说话假大空，尤其在自吹自擂方面更是得心应手。不管最初的聊天主题是什么，他总是能迅速把话题转移到自己身上。也许是因为他的大多数言论都是胡说八道，所以如果你试图反驳他的话，那么准备好面对他的愤怒吧。

摆脱这一陷阱的唯一办法是，当你开始觉得自己插不上嘴时，就立刻停止对话。说"官话套话"是情感操纵者的拿手好戏，他们发表毫无意义的长篇大论的唯一目的是混淆视听和占据主导地位，特别是当另一个人的表述与他的有分歧时。通过这种方式，他把你的注意力从真正的问题上转移开，暗中消减你对他的反驳或否定。

在这一点上，他们会立即沉思复仇，攻击一切与"敌人"有关的东西，不放过其生活的任何领域。他们会在第一时间使对话白热化，试图让对话者看起来准备得不够充分，对不理解他们的意图而感到内疚。他们转移火力的方式诡谲，比如说"所以我是个坏人咯？""所以你觉得你比我更强是吗？"等。他们通过这种语言陷阱，剥夺他人表达的权利，尤其是批评的权利。

"读心术"（意图加工）

情感操纵者的另一个特长是曲解他人的想法与感受。他们根据自己错误的逻辑，结合自己的期望与幻想来分析你的言行，一厢情愿地误读你的真实意愿。比如你给自己买了一件新衣服当作礼物，当你把它展示给伴侣（情感操纵者）时，他会说"我知道你就是想穿这件衣服出去招蜂引蝶"，甚至会造谣中伤"你妈妈就是这么勾引到你爸爸的吧"。是的，他们通过夸大生活中的任何负面事件的真实性来找出你的弱点，让你对他们更加唯命是从。

他们经常说"我完全知道你在想什么，你想像你妈妈（或爸爸）那样，因为破产而被扫地出门吗？"或"如果不立刻解决这件事，那么你知道接下来会发生什么"。

他们会毫无顾忌地进入受害者生活中最隐秘的领域，常常会给受害者带来非常痛苦的经历，而他们却并不会因对受害者造成痛苦而道歉。

这是情感操纵者设置的较为狡猾的陷阱之一。面对这种情况，你必须中断对话，并一语破的地回答，如"我从来没有说过（或做过）这种事""这种事从来没有发生过"，不给对方留下反驳的余地。此时离开是明智的。

完全贬低

这个陷阱包括以任何方式贬低他人的价值或其所取得成果的重要性,以便在不久的将来对其灌输一种深刻的不足感。最恰当的描述是"鸡蛋里挑骨头",他们会突出其中一个完全不相关的消极方面(或一个小错误),竭尽所能地将其放大,以转移人们对他人取得的真正成功的注意力。他们的目的是让受害者怀疑自己,怀疑自己的价值,并诱使其相信自己必须不断向他人证明自己的价值。

老调重弹

情感操纵者通过这种方式,将你的注意力从实际谈论的内容转移到完全不相干的话题上,从而使自己感觉更舒适。比如当你向他抱怨他没有给你和孩子足够的关心时,那么他就会重提十年前的某件旧事。此外,对于情感操纵者而言,任何可以用来反驳你的论点都没有有效期。他们通常通过诉诸这种方式来逃避承担自己的责任。

"焦土政策"

当情感操纵者无法控制受害者对他们的看法时,便开始操纵其他人对受害者的看法,试图抹黑受害者的形象,让受害者在家庭和社会中都无法立足，声名狼藉。某些严重病理性情感操纵者甚至会在双方关系结束后多年内持续对受害者进行恶意中伤。情感操纵者将自己的恶行投射到受害者身上的原因很简单——受害者是唯一能够揭露他们真实面目的人，所以他们只能想方设法让受害者名声扫地。

这些人即使在热恋时也倾向于在受害者背后散布谣言，说淫秽的谎言，使受害者看起来像怪物。通常，他们指责你的行为与他们害怕被你谴责的行为相同（因为他们确实曾将这些行为付诸实践）。

回击他们的诽谤最好的方式便是给出客观的事实和证据，仔细评估要给出的答案。一般来说，为了损毁受害者的声誉，他们会毫无羞耻地撒谎。受害者必须用客观的证据来揭露他们的谎言，使他们的谎言不攻自破。

如果情况严重的话，那我建议你仔细记录任何形式的有关骚扰、网络欺凌或迫害事件的信息，可能的话通过律师与情感操纵者进行对话。最好避免两人直接接触。

三角关系

如果有情感操纵者喜欢的陷阱，那就是三角关系。三角关系指将第三方卷入受害者与他们之间的相处关系。他们利用第三者(同样被操纵)的意见以支持自己的立场,从而使受害者怀疑自己,开始认为他们的说法不容置疑。或者,他们威胁受害者把自己的缺点与第三方(如朋友、同事、家人甚至是毫不相干的陌生人)进行比较,引发受害者的不安与嫉妒,使受害者觉得自己一无是处。三角关系陷阱中也有这样一种倾向:告诉你别人会怎么说你,并用一种合理的方式去创造它。因为他们真的是情感操纵者,而且只有他们,在诽谤受害者。

得寸进尺

情感操纵者会不断挑战受害者的下限。这种肆意妄为却无须承担后果的行为越多,他们就越变本加厉。情感操纵者用虚假的承诺来求得受害者的原谅,遭到身体和精神虐待的受害者越"宽恕"加害者,后者便越得寸进尺,胆大妄为。受害者无数次跌倒,循环不断重复,后果越来越严重。

"你应该感到惭愧"

情感操纵者最常说的一句话无疑是"你应该感到惭愧!"。通常情况下,他们会质疑受害者的品格、受害者取得的成就以及令受害者自豪的一切,比如工作上的晋升、赛场上的佳绩、他人对受害者的赞美之词、受害者送给自己的礼物等,以此来不断伤害受害者的自尊心。一个经典的情境就是受害者回家后跟他们分享自己通过努力工作取得的职业发展和成功,而他们会说一定是因为受害者给了上司好处。或者受害者得到了别人的赞美,却被他说成是同别人调情。

在伤口上撒盐

这个陷阱包括用受害者过去经历过的伤痛(比如曾经遭受虐待、发生事故或罹患疾病等)作为攻击受害者的武器。他们会说一切都是受害者罪有应得。如果受害者说自己小时候受到过虐待,那他们会说这是受害者应得的,因为谁知道受害者为吸引坏人的注意力而做了什么。如果受害者说自己得了癌症,那他们会说这是受害者应得的疾病,并在受害者面前炫耀他们的完美和健康,使受害者感到更糟。受害者所有的弱点都会被他们无情地利用。因此请不要向他们讲述你过去的遭遇与创伤,情感操纵者对你了解得越多,时机成熟后你越会遭到可怕的打击。请谨言慎行。

你错了

为了对受害者行使并保持最严格的控制力和权力,情感操纵者会试图将受害者与外界(你的社交、友谊、情感、工作)隔离开来，包括社交网络（要求受害者提供社交账号的密码）。他们会控制受害者的整个生活，包括经济领域以及受害者的思想。为了实现这一目标，他们设置了一个非常有效的陷阱：每次受害者不遵守他们的要求时，他们会利用受害者最深的情感让受害者感到是自己错了。自命不凡的伪讨论是这种陷阱的典型表现。任何借口都会使受害者感到是自己错了：受害者将为所选择的洗衣机、牙膏或客厅窗帘的颜色而遭受攻击。

下面是一些例子：

- 对于情感操纵者来说，伴侣的所有朋友都会成为其情人；
- 将受害者的过去想象成一个大的"妓院"；
- 受害者的意图和想法总是有恶意的；
- 受害者的成功将被贬低，因为谁知道受害者是以什么方式获得了成功，就像"失败"或"冲马桶"（优雅地说）一样，就好像受害者仅凭自己的素质不可能达到类似的高度。

强词夺理

情感操纵者们通过这种手段引起受害者的认知失调，即通过不断灌输逻辑上矛盾的信息，导致对方感到混乱，从而使其产生困惑。如此一来，受害者们会感到焦虑，开始不相信自己对现实的认知以及自己的判断能力。

这种手段的典型表现为：

- 情感操纵者会取笑受害者的恐惧或痛苦，暗示受害者不应该产生这种情绪；
- 强迫受害者做出对自己有害的选择，并让受害者为产生的后果感到内疚；
- 要求受害者采取与其价值观、想法、道德相违背的行为，以避免对自己或他人造成伤害；
- 随机转换暴力与友善模式，使受害者无法确定该采取何种态度来面对下一次危机。

这种手段包含矛盾的信息（双重绑定），如情感操纵者可能会对受害者说："别听他们的，听我的！"这种交流形式包括同时陈述两件相反的事情。这是一种沟通的两难境地，实质没有传达任何信息，目的在于混淆视听，让受害者无法对对方的语言陷阱做出任何反应。

注意：这种双重绑定只有在沟通双方有强烈的情感联系（或受害者对爱情存有幻想）时才起作用。

在这种交流中，无论受害者怎么回答都不是正解。请看这个受害者回忆的案例：在某次家庭晚餐中，丈夫问妻子是不是喜欢与他关系最好的同事马里奥（Mario）。妻子回忆道："我立刻就感觉这个问题有点不寻常……那天晚上一切都很正常，我丈夫还说要第二天请他来家里吃饭呢，所以这个直白的问题让我非常震惊。我不知道该怎么回答……我丈夫可能只是单纯地好奇，但我心里很清楚他是一个非常爱吃醋的人，所以我决定说不。"但丈夫说："啊？为什么？你不喜欢他哪里？这是我的好朋友之一，如果你不喜欢的话，那为什么你同意邀请他来家里吃晚餐呢？"妻子继续回忆说："我感到非常困惑，因为马里奥对我确实很友善，所以我只好说，好吧，他这个人的确不错。就在那时，丈夫忽然暴躁起来，开始用各种方式打我，说'我就知道！你这个大骗子！你为什么不承认你喜欢他呢？所以你才想明天晚上请他来家里和他一起吃饭！你这个不要脸的妓女！'在那一刻，我已经没有力气再去做出回应了。"

所以说，情感操纵者要求我们对这种荒谬的问题立刻做出回答，一秒钟的犹豫都可能激发他们的愤怒，最开始你可能摸不着头脑，回答得结结巴巴，但很快你就会明白，无论如何都没有正确的反应和答案。

多余的解释

在情感操纵者看来，批评或指责受害者，迫使受害者对自己的行为做出过多无用的解释是一种维护在受害者心中自我形象的手段。受害者们受到这种不公正的批评或指责后，由于想要获得对方的认可，证明自己值得对方的爱，会与对方展开无休止地讨论，直到被对方洗脑说服，放弃自己坚持的观点，以避免受到进一步地谴责。无论受到的指责或批评多么虚假或不公平，受害者总是感到有必要做出解释，因为这是存在的有力的心理杠杆之一：需要被认可，并展示自己的善良，而这就像给猪珍珠一样！

情感末日心理

情感操纵者为了让受害者产生被责备或被抛弃的恐惧，或爆发情绪（包括尖叫、痛哭流涕等），产生情感末日心理，会使用以下方法：

- 大喊大叫，甚至进行身体攻击；
- 利用对方最深的恐惧进行侮辱；
- 进行破坏性的批评，如"你根本不知道两个人该如何相处""你连孩子都照顾不好""你总是和别人发生矛盾，所以我一点都不惊讶""你什么都做不了／你真没用／你真失败"等；
- 冷暴力对待，使受害者们没有安全感或感到自责；
- 诅咒，比如"没人会爱你的／你将独自度过余生／没人能受得了你"；
- 洗脑，灌输信息，使受害者怀疑自我，并产生不安全感，从而质疑自己的记忆和自己对现实的认知。

沉默

在某些情况下，沉默也是推动交流的方式之一。人类几乎不可能放弃交流。然而典型的被动攻击型或隐性情感操纵者会利用绝对的沉默来作为回应，这无疑是操纵情感的狡猾的形式之一。这种情况在家庭中非常普遍，尤其出现在家长和孩子的相处过程中（当然，即便是孩子，其也可能是一个情感操纵者）。

当情感操纵者想要勾起你内心深处的不安全感时，陷阱就会被触发。他可能会向你传达诸如"你对我来说已经死了""你不存在""我不在乎你"之类的信息，此时便会触发陷阱。有些人在使用这种致命的工具方面异常熟练，表现出真正的不人道的恶意。

沉默无疑是操纵情感的微妙的、具有破坏性的形式之一，这完全是一种精神上的虐待，但最重要的是，从情感操纵者的角度来看，这是一种避免与你直接对抗，但同时能贬低你的价值的方法。

这是有效的陷阱之一，因为受害者深受其害，而加害者无须为自己的行为负责，同时还避免了与受害者的冲突。他只想激怒受害者，然后诱使受害者把愤怒公开地表现出来，然后将过错归咎于受害者，让受害者产生负罪感。

这种不可理喻的回应方式使得受害者产生极大的困惑与愤怒，尤其是当他们不明白自己遭受这种惩罚性对待的理由时。这便是陷阱的核心所在：情感操纵者非常清楚，正面对峙（以及得到答案）的不可能性导致对方无法真正弄清"惩罚"的缘由，自己何时，在哪里犯了什么错（如果也可以叫犯错的话，其实这只是情感操纵者基于投射机制，在为自己犯下的过错惩罚对方而已）。

受害者也被剥夺了解释原因、为自己辩护和试图补救的机会。总之，在不知道这一残酷判决的原因的情况下，受害者被判为"民事死亡"。然而，判决没有上诉，因为情感操纵者顽固地拒绝任何接触的机会。

如果你落入这种陷阱的话，那么可以确定，你面对的是一个有严重自恋障碍的患者，他用沉默作为惩罚，因为除此之外他不知道该用什么方法来解决你们的冲突。这是一种非常幼稚和不成熟的行为，不仅无济于事，还不利于维持两人的感情。

正如著名哲学家让-保罗·萨特（Jean-Paul Sartre）所说，"每一个字都有后果，每一个沉默亦如是"。情感操纵者与他的受害者也非常清楚这一点，受害者会感到困惑、沮丧、愤怒，甚至

"内疚"。而这恰恰是情感操纵者的目标。显然,这些情绪无助于改善两人的关系或解决冲突。相反,它甚至会在两人之间造成无法逾越的鸿沟。

沉默也是控制的一种形式。有时情感操纵者使用这种手段仅仅是为了测试自己对受害者的掌控力的大小,或者出于以下可能的原因:

- 强迫受害者听他的话;
- 引诱受害者接受他的看法或顺从他的决定;
- 让受害者为自己说过的话或做过的事道歉;
- 让受害者改变话题/行为习惯/个人选择;
- 受害者的选择或行为令他感到被冒犯;
- 感到被受害者冷落;
- 嫉妒其他受害者尊敬和欣赏的人;
- 让受害者产生愧疚感,好像受害者才是导致一切(比如感情结束)发生的原因。

这种陷阱的受害者通常是女性,不过也有许多男性,尤其是那些被迫忍受残酷成性的妻子操纵的丈夫。

当情感操纵者使用沉默作为武器时,后果一定非常严重。他让受害者感觉自己犯了错,不值得被爱,强迫受害者对这种惩罚产生一万个怀疑，不停地道歉（虽然受害者没有做什么需要道歉的事），接着羞辱受害者。如果道歉没有令他满意，如果受害者没有低声下气到足以获得他的"宽恕"（恢复两人的关系），那么惩罚便永无休止。受害者必须不惜一切代价避免落入这个陷阱，否则受害者的歉意将无休止地助长他的优越感和自尊心。换言之，最好的方法便是忽视他的沉默，然后按照自己的方式行事。

只有这样，受害者才能永远摆脱那些伤害他们的人，而不用付出巨大的代价。相信我，这种人（伴侣、兄弟姐妹甚至子女）即使失去了也毫不足惜。

可怜的受害者

除英雄的角色外，情感操纵者只喜欢扮演另外一个角色：可怜的受害者。特别是对于被动进取型的人来说，骗取他人的同情是一件信手拈来的事情，而他所说的谎言是没有限度的。

一种典型的情况是，当情感操纵者无意遵守所做的承诺，而扮演一个陷入困境的穷人时，他表现出来的情况越糟糕，如遭受巨大问题、身体状况不佳、被抵制、没人理解，支持他的人就会越多。但最重要的是，那些没有信守承诺的人往往认为这是没有错的。你会有一系列的疑问——为什么这些事情会发生在他身上,然而为了扮演受害者的角色,他所做的事情总是比你曾经经历的事情都要更加困难、艰巨、苛刻。就像你今天过得很糟糕,但不管你的日子有多糟糕,都不可能比得上他的……

与情感操纵者融为一体

有些人特别倾向于以一种"融合"的方式,建立感情上或其他方面的关系(如友谊)。也就是说,他们倾向于发展一种不可或缺的、以放弃健康的个人自主权为代价的关系。这种倾向就增加了落入圈套的风险。因为在两人相识初期,可能是由情感操纵者来建立培养这种变态的共生关系。在这种感情关系中,受害者将对方理想化,总是想获得对方的认可,并随时间的流逝逐渐质疑自己对现实的认知和自身的需求,以及对维持这种"共生"关系的需求。

注意:对对方产生同理心加大了我们落入陷阱的风险,我们最终会无可避免地远离自己的初心,只关心伴侣的内心需求。

落入陷阱

这些陷阱不是同时突然出现的,而是与我们在第四章讲述的操纵过程同速平行发展的。受害者陷入了一个又一个阶段的陷阱，最终发现自己无法挣脱。整个过程分为以下几个阶段。

阶段1：受害者会因为获得对方的认可而感到振奋。这是初始阶段，可能会持续多年，或持续至下一阶段的初期，尤其是在夫妻关系或情感操纵者的生活中存在批评的时候。

阶段2：操纵初见端倪。两人的小误会或因鸡毛蒜皮的小事而起的争执会将受害者推向"解释陷阱"。在这个阶段，受害者几乎意识不到身边有操纵者。如果反应及时的话，受害者可阻止操纵进一步发展。

阶段3：只有当受害者附和他的看法时，他才会向受害者点头称赞，获得对方的认可成为受害者唯一感到被爱（或值得对方的爱）的方式，以至于受害者开始将情感操纵者的所作所为视作理所当然。尖叫声、冒犯或冰冷的沉默等惩罚行为慢慢出现，而受害者却因无法忍受（情感末日），愿意采取一切措施来避免或阻止这种情况的出现。受害者开始觉得他人的观点比自己的观点更重要。当受害者与亲朋好友谈论他时，总是选择站在他那一边。受害者开始觉得他的世界观才是正确的，自己的想法越来越无足轻重。此时他的目的已达成：受害者已落入他的手中。

阶段4：如果说在前一阶段受害者只是一直站在对方的角度，通过无休止的自我检讨来证明自己值得他爱，那么现在受害者已经完全放弃自己的想法和自主权,将他的想法内化,只有获得他的称赞才会自我感觉良好。由于认为自己无法满足对方的要求,受害者可能会感到沮丧或产生深深的内疚感。这个阶段受害者可能会遭受身体和精神上的暴力。

为什么我们会落入陷阱?

如果陷阱运作得好,那也是因为它们找到了肥沃的土地。事实上,正是受害者扭曲的价值观让操纵者的谎言滋长,比如他们认为:

- 我必须被爱(或感到值得被爱),才能感觉到自己的存在;
- 没有别人,我便无法活下去;
- 只有通过照料对方才能有掌控全局之感;
- 只有无条件将自己的灵魂与身体献给对方才值得被爱。

他们扭曲的价值观通常与父母病理性成瘾(如酗酒、赌博或吸毒)、虐待或父母角色的缺失有关。这种成长环境导致他们从小便产生很多负面情绪:感到自己不值得被爱、有内疚感、不值得被寄予厚望或害怕被遗弃等,然后逐渐发展出上述所列举的价值观,这种价值观给予他们某种控制感,掩盖了他们如此害怕的分裂和被抛弃的感觉。

童年时期的经历为我们建立了对世界的认知与解读模式。父母有虐待倾向或病理性成瘾的人，会产生自己不值得被爱和渴望获得他人认可的无意识的想法，然后在成年后重复童年时代学会的相处方式，倾向于选择依赖他们的伴侣，表现出暴力和虐待行为。

第六章

情感操纵者的谎言：你应该相信我

上一章提到的所有陷阱都有一个目标：情感操纵者诱导受害者相信虚假的谎言以谋取个人私利。因此，我们可以说，情感操纵者的完美陷阱是满篇的谎言。

撒谎的倾向根植于人类的天性当中，人们在日常生活中每天都会出于各种各样的原因撒谎，情感操纵者对此更是驾轻就熟。他们每天都试图使我们相信他们认为的对实现自己的目的有用的任何东西。情感操纵者是真正的撒谎惯犯。我曾多次与罪行严重的犯罪嫌疑人面对面交谈，发现他们普遍具有撒谎的倾向，谎言贯穿于从最初的立案调查到最终的法庭审判全程。

这就是为什么我知道如何发现一个骗子。学会识别隐藏在家人、朋友、同事、夫妻里的撒谎惯犯便显得尤为重要。谎话连篇的骗子就在我们中间，可能会对我们造成很多麻烦。有时他们的谎言是如此荒诞不经，但即便如此，都无法遏制这些人撒谎的欲望。我们并不总是那么幸运，能免受伤害。

我将在本章分享侧写师们用来评估证言可靠性的策略，为你提供一系列甄别说谎癖的工具。

生于谎言，死于谎言

说谎癖是一种长期的、心理强迫性的疾病。说谎癖者不说谎心里就会很难受，于是说谎逐渐发展成一种自然而然的行为。这些人不计代价，不分场合，不分对象，无人能幸免逃脱。

此外，这种行为在某些情况下可以为他们带来好处。从身心健康的角度来看，甚至会让他们产生幸福感。这种强迫性行为已经成为说谎癖者摆脱日常压力的一种方式，最终发展成为像酗酒、吸毒成瘾、赌博成瘾、性成瘾那样真正的成瘾行为。

为什么要撒谎？

我们可以将撒谎倾向看成一种为逃避痛苦现实的防御机制。通常，这种倾向在人类成长的早期阶段就已经出现，有些孩子甚至在上幼儿园之前便表现出爱撒谎的性格。比如孩子向家长撒谎以躲避逃学的惩罚，或者在学校假称有家人生病或死亡导致自己未能完成作业。孩子用谎言来应对目前的困难处境，长此以往，这种不良习惯逐渐发展成他们日常生活中使用的驾轻就熟的工具。在某些极端情况下，说谎癖者甚至可能无法认清客观现实，只活在自己向别人讲述的故事中。

有些人为了在情人或同事面前留下良好的印象，出于虚荣心用谎言来美化某些实际上已经发生的或者可能暴露他的事实。我们所面对的不是一个人，其实这是人类非常普遍的行为。而说谎癖者无论是否能从谎言中获得好处都是谎话连篇。这就是在我们所有人生活中尽快识别说谎癖者至关重要的原因。

我们决不能忽视这一类人的一个基本特征：自卑，这是他们撒谎的主要动机。渴望获得认可，受到他人的喜爱、欢迎、赞赏是人类的基本需要之一，只是说谎癖者认为自己人微言轻，需要通过谎言来向他人展示"优化"版本的自己，就算到了图穷匕见之时也会百般狡辩，拒不承认。

预后不良

一般来说，撒谎成性与成长早期出现的心理问题有关，这些问题最终注定会演变成真正的人格障碍。比如边缘型人格障碍、反社会型人格障碍或自恋型人格障碍。

这是心理治疗领域的三种顽疾，无法治愈。用心理学专家与精神病专家的话来说，就是预后不良。他们执迷不悟，反而每况愈下，尤其是当他们认为已通过撒谎将受害者牢牢掌控在手中时。他们生于谎言，死于谎言。撒谎已成为一种生活习惯，贯穿于他们的一生。

共性特征

所有说谎癖者都有如下一些共性特征。

永远不是他的错。就算证据确凿他们也会百般狡辩,拒不承认,拒绝承担自己的责任或向他人道歉。相反,他们声称自己是别人阴谋诡计的受害者。

必须始终成为他人的焦点。说谎的主要目的是提高知名度,从而获得大众的喜爱。为了吸引别人的眼球,让大家交口称赞,他们会戏剧化夸大自己的品质,尽其所能地使他人相信自己取得(实际上从未取得)的成就,以显得自己天资聪颖,功勋卓著。一旦如愿以偿,他们便会陷入无穷无尽的谎言中以维持这种满足感。

通常是"悲剧人物"。为了吸引别人的注意力,他们会故意夸大故事情节,想要获得的关注度越高,故事便越悲惨。

无法维持稳定的工作。由于倾向于在自己的实际工作能力方面撒谎,所以当雇主发现事实真相时,他们便会被解雇。

无法维持长久的情感关系。当家人与伴侣发现他们的谎言时,他们便会众叛亲离。即使是在家庭中,说谎癖者也常常因为同样的原因而出现严重的问题。

获得关注。他们可以用不同的方式做到这一点,并在不同对话者中引起不同的感受。通常他们撒谎的原因主要有两个——第一，获得同情心：夸大任何负面情况的程度（比如老师或老板的训斥）及其影响，以获取他人的同情心；第二，获得欣赏：夸大自己的成就以让对方甘拜下风。

戳破谎言的方法

直视他的眼睛。众所周知，眼睛是心灵的窗户。事实上，说谎者不喜欢与对话者进行眼神交流。但是要记住，说谎者也很清楚这一点，所以会避开眼神接触，使得谎言更加可信。

观察肢体语言。即便是说谎老手也不可能完全掌握除语言交流之外的方方面面。因此，审讯者在与嫌疑人对话时会先观察他的肢体动作，以及他们在回答关键问题时表现出的微小变化：比如眨眼比平时更快或更频繁，笑容减少，语气改变等，这些都表明对方目前处于一定程度的紧张状态。其他指标比如出汗增加、全身（尤其是上身）颤抖与吞咽困难。此外，说谎者的语速往往比平时更慢，并且他会时不时地停顿。

注意不相关的细节。说谎者通常会在故事中增加一些细节描述，使谎言看起来更加可信。但这恰恰也使得故事变得更加复杂，容易露出马脚。

提问。情感操纵者不喜欢别人质疑他。当有人提问时，他们会以愤怒或其他明显的方式来防守。当谈话进入白热化状态时，他们会试图改变话题，将大家的注意力转移到次要方面上。

要求他重叙事件。 当让他们重新叙述之前的故事时，谎言便会暴露无遗。

注意是否要根据对话者不同而改变版本。 当参与讨论或卷入争吵时，他们通常会根据对话者的不同而改变事实的版本，或编造故事以获得他人的支持。

谎言被戳穿后

我已经说过了，再说一遍：你可以通过果实认出树木的品种。当说谎者在压力下，特别是当他们即将或刚刚暴露时，我们可以通过他们的反应来识别他。这时候我们可以准备好欣赏他们的表演了！请记住，对情感操纵者来说，谎言被戳穿是他们极其害怕的事情，就像超人害怕氪石一样。他们在压力下会做出一系列反应，这些行为表现易于被察觉。

我将根据犯罪侧写师逮捕连环杀手和恐怖分子使用的分析方法，来为你提供一些实用的建议。

以下为情感操纵者在谎言被揭穿后的典型反应：

- 立刻采取防御姿态，矢口抵赖；

- 诿过于人；
- 编造其他谎言来转移你的注意力；
- 注重自己的声誉。就算没有办法列出足够的证据自证，他们也会用很激进的方式攻击你，重复对你说"你别想污蔑我！"；
- 容易表现出报复的倾向，并开始将所有可能的和可以想象的邪恶报复在你身上。他们的愤怒表现得越强烈，你就越能确定自己的判断是正确的；
- 很少陷入情感危机，抱怨无人信任自己。

连环出轨者

有一种情感操纵者不分性别、人种、地域与社会阶层，在人群中非常普遍，是一种特殊的说谎癖者：连环出轨者。

在这种情况下，我们正在与完全专注于引诱范围内任何人的人打交道。连环出轨者到处寻找潜在的"猎物"。他们通过征服异性来展示自己的魅力，以床伴数量来衡量自己的吸引力。事实上，他们在求爱阶段花费的时间和精力越多，越能迅速得到猎物的注意，而一旦目标达成，连环出轨者瞬间就会失去兴趣。

第六章 情感操纵者的谎言：你应该相信我

意大利的出轨数字

无论经历了多少风雨，许多夫妻似乎都很难恪守永远忠诚的承诺。至少意大利关于背叛倾向的民意测验数据显示如此。

还有一些人坚持认为，背叛只是出现婚姻危机的原因，而不是其结果（也许正是这些人最容易被"挖墙脚"）。实际上，根据统计数据，无论男女，出轨数量都呈井喷趋势，尤其是在同居或结婚后的第三年。

我们起码在这一点上基本做到了男女平等：在出轨案例中，女性数量约占45%，男性为55%。以下为出轨男性的共性特征：

- 平均开始于40岁（年龄似乎呈增加趋势）；
- 65%为大学毕业生，21%为中专毕业生；
- 喜欢年龄在25岁到45岁金发碧眼、丰满的女性；
- 职业大多为私企经理或经济状况良好的白领（因为出轨也是要有经济成本的）；
- 出于对自己的诱惑力（自己的不安全感）的检验而出轨。

现在，在公平竞争的环境中，最"精明"的"猎人"档案如下：

- 约在38岁时出轨；
- 主要为大学毕业生；
- 在银行或销售部门工作；

- 收入达平均水平，经济独立；
- 大多数人出轨是因为发现伴侣无法在感情和性上令自己满意。

出轨风险较高的场所是工作环境和与社交（尤其是通过网络）相关的场所，这一比例很明晰：出轨者中60%的人是与同事出轨，40%的人是与在网上或娱乐场所认识的人出轨。

你说的都是对的吗？

如果没有私家侦探，如何快速准确地发现对方的背叛迹象？

第一步。一旦产生（有合理依据的）怀疑，请立即采取行动，考虑你们的恋情是否真的值得继续下去。如果是的话，为了防止小问题成大患，请立刻开始解决问题。

电子设备追查。手机和电脑是两个较大的潜在"犯罪现场"，保存着最隐秘的秘密。你只需要解开密码，足不出户便能找到证据。

观察伴侣使用手机和电脑时的表现。仔细观察他行为习惯的变化。他是不是忽然开始沉迷于玩手机或电脑，甚至在洗澡时也是如此？这是可靠的背叛信号之一。背叛者非常清楚，这里隐藏着他们所有的"犯罪痕迹"。

注意信用卡和银行卡的信息。出轨会不可避免地增加消费。

注意聊天风格的变化。伴侣突然开始和你解释为什么自己这么晚回家，或为什么没法去你朋友的生日聚会。

证据充分的话，请回到第一个问题：你们的恋情是否真的值得继续下去？这个星球上有无数有趣的人，翻篇或许也没有那么难……而且，如果你面对的是连环出轨者，那么对方很有可能也是一个情感操纵者。

第七章

如何维护情感界限

> 骗子被他编织的谎言牢牢捂在手中。真相的第一声低语就能让这双手松开，使他身败名裂。
>
> ——马可·特雷维桑（Marco Trevisan）

现在终于到了解决这个问题的环节：如何对抗情感操纵者，或者说，如何反情感操纵者。我们已经知道了情感操纵者的行为模式。恳求他们做出改变毫无意义，只会加强情感操纵者对你的掌控，当你对他们的所作所为流露出痛苦的情绪时，便是向他们承认你的渺小，因为他们将所有形式的痛苦视为你的弱点，将其作为操纵你的筹码。

你现在也明白了：预防胜于治疗。但如果为时已晚，情感操纵者已经在你的心中无可取代的话，那么重点就落在了保护自己免受其操纵，甚至对他进行反操纵上。我将在本章详细介绍如何与两种主要类型的情感操纵者相处。但我再次重申一遍，以下建议并非旨在改变情感操纵者，只是为了减少他们对你可能造成的伤害。

虽然显性情感操纵者与隐性情感操纵者是一体两面，但本章介绍的策略仍将二者区分开来，因为很可能在某些情况下，一种情感操纵者要比另一种更活跃，反之亦然。但这些策略其实对两种类型都有效。因此，我建议你阅读整章，然后评估哪些对策在你面临的特定情况下最有效。

请记住,当涉及家人、父母、同事或上司时,冲突是在所难免的。每当情感操纵者感到自己对你的控制权被削弱时,就会加强对你的操纵,使你质疑自己及自己的判断力,并认为他是完美无缺的。不过,如果事情进展到这一步,就意味着他意识到自己对你的支配力降低了,也意味着你在摆脱他控制的路上又迈出了一大步。因此,你不必为他的反应而感到恐惧,因为实际上它们是一个好兆头。

无接触规则

当你在人际关系网中发现(无论是显性还是隐性)情感操纵者时,最佳反操纵策略便是无接触,即干净利落地断绝关系,让对方远离你的生活。不过有时施行起来存在一定的难度,但你起码可以利用一下策略,在身体与精神上与他保持一定的距离。

不要试图改变他,请改变自己!

时刻牢记你要面对的敌人,他需要时时确认你处于他的掌控之中。其实,将他赶出你的生活是最佳策略。但如果你无法放弃对方的话,那可以从减少他对你的干预,放弃获得他的认同开始。这可能不是理想的解决方案，但它肯定是一个开始。不要告诉自己故事会改变。如果他不能及时为你的聚会带来蛋糕，或者如果他迫使你错过了一个关键的职业发展阶段，那结局只能是坏的。正如你所知道的，那些都只是故事，日复一日的失望足以让你心中的童话故事破灭。你如此在乎的人让你的每一个期望都落空了，即使是最平常的期望。承认现状是走出陷阱的第一步。折磨你的情感操纵者不会改变，唯一能改变的就是你和你对他的期望。反操纵的目的不是改变对方，而是改变你对对方的期望。

最好再重复一遍：这里真正关注的焦点不是操纵者，而是你。就像日复一日地在已经干涸的井里寻找水，我们知道自己已经筋疲力尽了。如果我们对找水的期望落空，那肯定不是井的错。最好的策略是换个井，对吗？

愤怒是你的力量

要知道，如果你没有按照情感操纵者预期的方式做出反应的话，他们可能会把气撒在你身上，甚至诉诸身体暴力。通常我们根据某些典型行为表现来判断人愤怒的等级：喊叫、冒犯、流泪、无意识的身体反应、捶桌子、砸东西等。但有时，愤怒也可以以一种非常不同且不那么明显的方式表现出来，这并不意味着它是一种浅薄的情感。以下是愤怒的人典型的"含蓄"报复形式：

- 留你独自一人（抛弃你）；
- 对你漠不关心；
- 采取敌对/挑衅的态度；
- 对你采取"焦土政策"；
- 变得蛮横无理；
- 不停地向你灌输自己的观点，让你心力交瘁；
- 对你表现出失望的情绪；
- 独行其是；
- 采取被动或失败主义的态度，表现得好像他才是你错误决定的受害者，是唯一付出代价的人；
- 焦躁易怒；
- 始终保持沉默，拒绝与你交流；
- 不停地抱怨；
- 行为粗暴无礼；
- 对你采取讽刺或轻蔑的态度；
- 对所有事情都听之任之；
- 总是迟到；
- 逃避解释或对峙；

- 在他怒火中烧时，拒绝与你有任何形式的接触（甚至告诉你，对他来说你已经与死去无异）。

这些行为表明对方是一个性情乖张、心胸狭隘的人。他可能会潜移默化地影响你也采取相同的方式来表达自己的怒气。那么对于愤怒，正常人的反应与情感操纵者的反应有什么区别？很简单：情感操纵者将愤怒作为他们占上风的工具。

你的回应

所有类型的情感操纵者都无法控制自己的愤怒。这些人以他人的愤怒和沮丧为养料，激怒你是他们的主要目标之一。如果你也以同样的方式来回应他们的挑衅的话，那么他们就会认为自己对你仍拥有绝对的掌控权。古老的"以眼还眼，以牙还牙"是不恰当的策略。他们比你更擅长玩这种游戏。

请你思考两点：第一，当我们感受到威胁时，愤怒是一种用来保护自己的情绪；第二，也是更重要的一点，我们对某人越愤怒，越表明我们需要他的认可。这是愤怒产生的机制。

与遭到无关紧要的人的冒犯相比，当对方是我们看重的人时，我们产生的沮丧感会更加强烈。如果我们被责备、被背叛、被不恰当地对待,或者如果我们没有感到被我们放在世界中心的人所尊重、倾听、欢迎、爱戴,那么我们会很生气。

好的一面是,当我们怒不可遏时,可以更清楚地感受到自己的内心世界,看到最真实的自我,然后在言语和行为上表现得更加坚定。因此,愤怒有时也可以作为左右我们重要决策的方向盘,我们一旦做出决定便不能回头。所以你对一次操纵感到愤怒是完全合理的,即使是以一种强烈的方式。

所以,面对操纵,我们的愤怒甚至暴怒是合情合理的反应。你要做的就是学会识别这种情绪,对其进行量化,并将其用作衡量情感操纵者对你的影响力的温度计。也就是说,你生气的次数越少,你对他的认可度便越低,摆脱情感依赖的可能性就越大。如果你走在正确的轨道上,那么你对获得情感操纵者的认可的渴望就会减少,你感到愤怒的次数也会大大减少。

你能做到的最好状态便是以一种合理的方式宣泄你的怒气,学会表达愤怒而不被愤怒淹没,并训练自己使用这种情绪来巩固内心世界的防线,在情感和心理方面与情感操纵者保持距离。合理的愤怒是你的盔甲,能帮你抵挡外部的一切打击。

显性情感操纵者

显性情感操纵者傲慢自大，自视甚高，渴望获得对他人绝对的掌控权，喜欢对所有人发号施令，必须在会议中最后做总结发言。他们狡猾地利用受害者的愧疚感与害怕被抛弃的心理来稳固自己的控制权以谋取私利。他们毫不尊重他人的意见与计划，高高在上，认为自己应该得到特别对待；自私自利，无法产生同理心与愧疚感；心怀嫉妒，一有机会便挑拨离间，伤害他人。我们可以在任何领域遇到类似的人，无论是私人领域还是专业领域。

而显性情感操纵者的受害者不断被他们斥责、冒犯、攻击自尊心，产生恐惧、压抑的情绪，感到无能为力。这种关系是单向的：受害者付出，他们无节制地索取，毫不尊重受害者的想法和需求。

这些情感操纵者喜欢说"还有事情要做""你最好去做""你应该做"。当然，前提是，无论任务是什么，受害者必须始终且仅执行此操作。他们是不容挑战权威的主人，稍微妥协一步便是对你巨大的恩惠。他们以恐吓洗脑的方式向受害者灌输"滴水之恩当涌泉相报"的观念，将自己的半步妥协作为向受害者求得原谅的筹码。他们永远都有一套准备好的说辞，否定受害者的提议,忽视受害者的需求,并认为自己的做法在什么时候都是最好的。独断专行,不择手段地实现自己的目标。他们是竭尽全力发挥自己意识的大师,与他们的讨论没有尽头,令人恼火。如果对话者不举手投降的话,那这场讨论永远都没有尽头。

如果你的家人、老板、同事、伴侣是显性情感操纵者,你无法彻底摆脱他们的话,那么唯一的出路便是使用以下精神求生策略,以限制他们对你生活的消极影响。此外,他们顽固不化,所以你更应该将重点放在降低自己的期望值上。

以下策略适用于任何类型的情感操纵者,尤其对显性情感操纵者有效。

决不让步

对他唯唯诺诺反而会适得其反,显性情感操纵者会借此乘虚而入。因此,第一种反操纵策略便是拒绝满足他的所有要求,始终按照自己的方式行事,决不让步。对于这些人,我们必须弄清这一点:半途而废永远不会带来好的结果。

试图谈判是毫无用处的,事实上会适得其反。每当你以牺牲自己的利益为代价来满足他的要求时,其实都在向他传递"你比我更重要"的信息,长此以往,只会让他这种恶魔更加强大。

不管怎样,这正是你需要避免的。

我们的内心世界、信念与价值观都会通过外部行为表现出来,你忍受被他冒犯、侮辱、控制的时间越长,他就越认为自己有权对你为所欲为。我之后将不再重复——情感操纵者将你的顺从视为你的懦弱,就像你在告诉他掌控自己易如反掌。你越容易被说服去满足他的要求,便越会放低自己的姿态,放弃亲情与友谊,越快陷入心理操纵的地狱。

当你开始显露出自主权时,他将竭尽全力逼迫你回到从前的轨道,让你向他俯首称臣。他可能会利用撕心裂肺的痛哭、装病、沉默不语作为回击你的武器。但请不要害怕,你无须获得情感操纵者的认可。关键是,你要让他明白,他的蛮横无理并不会影响你的决心。

重要的是,从对小问题提出疑问开始,你要表现出坚定的态度。让情感操纵者明白他对你的操纵力正在逐渐减弱,为之后更糟糕的局面做好准备。

你也可以尝试在最开始支持情感操纵者的决定,然后公开批评这些决定带来的后果。比如驱车前往郊外的餐厅时,由于听从他的说法导致迷了路,你就可以气势汹汹地谴责他的错误指挥。也就是说,以其人之道还治其人之身。但请记住,就算面对确凿的证据他也会百般狡辩。

阅读到此，你已经有能力预测情感操纵者会做出何种反应。这是一个宝贵的优势：这将大大削弱他的举动可能对你造成的影响。领先至少三步，我们便胜券在握了。随着时间的流逝，对方将意识到你已开始破坏他的游戏，然后将你归类为危险级别的人物，对你逐渐疏远。此时，你已经在退出策略上迈出了关键的一步。

这种"决不让步"的反操纵策略在家庭以及工作中非常有效。

永远不要忽视这一点：只要你致力于拯救与他所谓的关系，情感操纵者便能掌控你。当你意识到这种关系实际并不存在时，他对你的影响也将遭受沉重的打击。如果你善于内化这个真理的话，对你的打击甚至可能是致命的。那只是你认为已建立了关系并自己维持而已。

始终牢记，如果在一段关系中，你要完全顺从对方，且只有单向的顺从才能获得安宁的话，那么这一定是一段基于恶性操纵的病态关系。而且，如果你一直致力于为对方辩护，那么他极有可能是情感操纵者。

在关系中划清界限

任何关系都要有一个明确定义的界限，在此限度内二人和平共处。谁也不能踏足你生活的所有领域。当这种情况发生时，便意味着你正在面临一种不对称的关系，情感操纵者很有可能躲在其后。

健康的关系一定是平衡的，双方都有倾诉自己需求与欲望的空间，同时也有相称的对抗力量。这些信号都表明这是一段值得你花费时间与精力的健康的恋爱，而不是需要你容忍背叛、避免发生冲突的苦海。

情感操纵者不喜欢有人限制他们的权力，所以无法接受你对他有所保留，有逃脱他控制的机会。他们就像常春藤一样，逐渐侵入你的生活空间，直到将你裹得紧紧的令你窒息。他希望与你一起度过每一分钟的休闲时间，你与你的家人或朋友获得的快乐对他来说是一种冒犯。当他觉得你对他不够关心或你更喜欢其他人时，便会陷入可怕的沉默。因此，如果你想避免产生这种恶性影响，那么最好的策略就是和他划清明确的界限，建立一个二人不可僭越的空间。当他意识到你不是那么可控时，他对你的兴趣就会逐渐减少。最后，你将看到隧道尽头的光，感受到他对你的操纵逐渐放松，获得拥有健康心理的幸福感。

重中之重

如果你真的想赢得这场战争，请牢记下列要点：

1. 放弃要获得情感操纵者认可或与他合作的想法。他没有团队合作的意识，除非团队只为他一人服务。明确你的航线，就算风雨如磐也要百折不挠。

2. 关系风平浪静并不意味着分庭抗礼，而是你的无条件投降使得二人的关系看似差强人意。这不是和平，而是一种休战，在休战中，有一个胜者（谁规定条件）和一个败者（谁忍受条件）。这是完全不同的。

3. 坚定你的自尊心。维持（也许说成恢复更好）自我尊重是反操纵必不可少的前提。因为你已经知道，情感操纵者用傲慢与贬低他人做伪装，来掩饰自己脆弱的自尊心。他想让你感到脆弱，使你对自己的能力与价值都产生怀疑，迫使你成为他想要你成为的样子，即黯淡无光的自己的副本。他看到了你的价值，所以必须不惜一切代价将你摧毁。他就像是内心痛苦和缺乏安全感的"感染者"。

4. 只有你才能决定自己的价值。没有任何关系值得你放弃自己最珍贵的品质。这是一个基本的前提，如果你想有机会安全地摆脱他，就必须牢记这一点。

5. 最后，无论看似有多么痛苦，请记住，总有机会可以结束这段毫无意义的关系。如果维持你们关系的前提是放弃自我，那么这也说明你要尽快逃离。如果你决定留下，那后果将是灾难性的。

当你慢慢划清两人界限，表现出对自己的尊重时，情感操纵者根本不会欣赏你的改变，反而可能弃你而去，落荒而逃。不要松懈，不要向他投降，这个举动恰恰意味着你已步入正轨，毕竟现在你已把他的套路摸得一清二楚，也知道让问题迎刃而解的招数。

隐性情感操纵者

我先简要回顾一下被动攻击型情感操纵者的行为模式。隐性情感操纵者是现代版的"化身博士"[1]，躲在敏感、慷慨与谦逊的面具后，却与显性情感操纵者一样对统治与权力有着热切的渴望。他们矜名嫉能，表面一套背后一套。他们就算在小事上也避免与他人发生正面冲突，总是把自己说成他人阴谋诡计的可怜受害者。例如，他们在别人提出要求时不直接拒绝但也不

---

[1] 译者注：《化身博士》是英国作家罗伯特·路易斯·史蒂文森创作的小说，是其代表作之一，书中塑造了文学史上首位双重人格形象，后来"杰科和海德"（Jekyll and Hyde）一词成为心理学"双重人格"的代称。

履行，然后一声不吭地把任务与责任推给别人。他们很难和别人合作。

他们不露声色地控制别人，难以捉摸，从不表达明确的立场。他们好吃懒做，不从错误中吸取教训，由着自己的性子做事，就像小孩子一样。

通常，隐性情感操纵者也非常邋遢，不注意个人卫生与着装整洁，注意力涣散。

他们怨天尤人，时刻准备好一套说辞为自己在学业或工作上的失败辩护，以身体不适为借口来逃避负面结果。他们拒绝承担任何责任，并将责任推诿到他人身上。

他们也像显性情感操纵者一样，固执且爱撒谎。隐性情感操纵者最害怕不被他人所接受或认可，内心深处认为自己没有足够的能力与别人竞争。所以当他们被别人揭露自己的本来面目之时，便会怒不可遏。

他们在聊天时经常谈及自己遭受的不公待遇，就好像全世界都在与他们为敌。当然，这只是他们的一种操纵策略罢了。

他们闭口不谈自己的私生活。他们对小事易怒焦躁，阴晴不定。和他们相处就如同在刀尖上行走。

和显性情感操纵者一样，隐性情感操纵者也遵从某种特定的行为模式。

策略

以下策略对于反操纵被动攻击型情感操纵者非常有效。

1.避免第三方涉足。被动攻击型情感操纵者躲在第三方身后，旨在利用他人之口欺骗你，让你相信他比你更加优秀。所以请避免与他发生任何间接冲突，你必须正面与他对质，只有这样才能阻止他继续躲在第三方后面。

2.让他在铁证面前哑口无言。如果你认为他在对你实行"焦土政策"的话，最好的选择便是在见证人面前，与他和所有试图反对你的人公开对抗，用确凿的证据将他逼到墙角，以防他再编造其他谎言血口喷人。为了有效地做到这一点，你需要见证人，因为不管这种对抗如何进行，被动攻击型情感操纵者都会以一种与实际发生方式截然不同的方式来讲述它。

3.弱化他的话语权。为了避免进一步的接触，尽量少让他参与你生活中真正重要的活动。我知道这并不容易，尤其当他是你的伴侣或亲密的家人时，这一点可能更难做到，但只有降低他在你生活中的参与程度，你才不至于伤痕累累。

4.不要妄想让对方认可你的一切。情感操纵者的认可无足轻重，所以不要把它放在心上。你必须坚定立场，一往无前地实现自己的目标，将情感操纵者对你的干扰降到最低。当他意识到自己的看法于你而言轻如鸿毛时，反倒会主动投怀送抱，不过这也只是情感操纵者设置的另一个阴险的陷阱。

5. 说话铿锵有力。说话不要有歧义，明确地表达自己的意图与需求，甚至要更加明确地告诉他，你无意屈服于他的压力，而他的所作所为不会改变你的想法。你要让情感操纵者明白你已对他忍无可忍，不再任他摆布。

6. 绝望时保持冷静。无论如何你都不能在情感操纵者面前表现得唯唯诺诺，不要对他们装出的可怜的样子起恻隐之心。他们很擅长此道，比你要强得多。请与他们保持情感和身体上的距离，因为情感操纵者不需要被安抚。相反，他们会将你温暖的拥抱或抚摸视为你的脆弱，利用你保护他人的本能来重新获得掌控权。

7. 不要公开地表现出你的愤怒和沮丧。他们用恐吓和暴力来激发你的愤怒，让你在别人面前大喊大叫，然后装成深受你语言侮辱和蛮横无理影响的受害者，使身边的人信服。你的每一次失控失态都是情感操纵者的胜利，他们从你的愤怒中获得了深深的满足感，证明他们已经有能力控制你的情绪。这种"胜利"支撑着他们一路"高歌猛进"，你越生气，越咆哮，他们越觉得自己重要，也就是说，他们比你重要。不要陷入这种失败关系的恶性循环中，表现得漠不关心才是对情感操纵者真正的打击。

避免无意识的反应,学会表达愤怒的方法,是除无接触外有效的反操纵方法。否则情感操纵者会如入无人之境般对你实行"焦土政策",在别人面前搬弄是非,导致连你最亲近的人也对你产生偏见,误以为你真实性格粗暴乖张,蛮不讲理。如果他(她)是你的前夫或前妻的话,就很有可能会使用各种伎俩让孩子与你反目成仇。

8.强迫他对自己的言行负责。不要给他们留有余地,比如说"不要多想,我不是在说你""你误会了,我不是故意要冒犯的"……在谈话中,千万不要给他们留下畅通的"逃生路线",应让他们开诚布公地面对争议并消除任何可能的误解。以其人之道还治其人之身,向他们重复说同样的话,直到强迫他们承认自己明白为止。

9.只有在真正犯错时才承认错误。主动认错是一个人变得成熟的标志。目的是向谈话者表明,他不能利用你的内疚来针对你。犯错后斩钉截铁地承认自己的错误,不要让对方用此作为操纵你的借口。

10.他的要求不是命令。学会理直气壮地对他们的贪得无厌说"不",也不必道歉。这种做法可以大大消减他们嚣张的气焰。

永远都不要做的事

如果你真的逃脱不掉,那至少要避免如下一些大的错误。

1.原谅/为情感操纵者辩护。 原谅等同于继续授予他操纵你的权力。对这些人来说,宽恕是弱者才会做的事。鲨鱼在进食时从来不想乞求猎物的宽恕,情感操纵者也是如此,死不悔改。

2.公开戳破他们的谎言。 这样做风险很高,情感操纵者会恼羞成怒,更加不择手段地在别人面前诽谤、污蔑你。出于职业原因,我过去常常让情感操纵者的真实面目暴露无遗,因此不免要面对很多来自他们的恐吓与威胁。他们不计后果地(甚至触犯法律)对你进行打击报复,利用虚假的个人社交网络资料,隐藏在角落里监视着你的一举一动。或者,他们对你恶语中伤以破坏你的公众形象,减轻自己的痛苦。但是,当他们的本性被公开揭露时,我不得不承认,看着这种虚伪的人设崩塌是一件非常令人愉悦的事。就像奥斯卡·王尔德的《道林·格雷的画像》中,主人公在家中的肖像成了记录恶行的证据,他保持年轻貌美,直到咒语被打破,真实面目暴露在每个人面前。

如果你打定主意要让他原形毕露的话,请先寻找盟友的支持。比如寻找相识多年的老友,这些人熟悉那个在认识情感操纵者之前,随心所欲、优哉游哉的你,了解你在和加害者相识之后发生了多么翻天覆地的变化。然后与尽可能多的人讲述你的遭遇,这样获得大家的支持便是水到渠成。不然,他会对你进行诽谤,对你百般诋毁,特别是如果他是你的前夫的话,在这个阶段,他可能会告诉别人:你心理上有问题,你的精神崩溃了,你变得偏执,你不能再照顾自己了,你像你的一些亲戚一样疯了,你的头脑已经混乱了。他会试图让尽可能多的人与你对立,通过别人的手来伤害你。

获胜的秘诀

要想打赢这场战争,请牢记以下几点:

1. 只有自尊自信才能拯救自己。
2. 情感操纵者怙恶不悛,你只能改变自己。
3. 你不需要获得他的认可。
4. 不要奢望能得到他无条件的爱:这就像大海捞针一样难。
5. 不要为自己辩护,陷入解释的陷阱。
6. 永远不要低声下气!情感操纵者将你流露出的犹豫或软弱作为对付你的武器,通过解读你的非语言行为来调整他的操纵计策。如果你表现得唯唯诺诺,那么他会变本加厉地对你进行无情的打击。

7. 学会管理情绪，将愤怒转化为力量。
8. 不要"以牙还牙"，因为情感操纵者比你更擅长玩这种游戏。
9. 学会自我控制，不要太投入，不要表现出极端沮丧或愤怒的情绪。
10. 对他敬而远之。
11. 不要回应他的挑衅。
12. 不要屈服于情感敲诈。情感操纵者只会装腔作势，不会将语言上的威胁（比如自杀）付诸行动，他这样说只是为了先发制人。
13. 用笑容来回击，用讽刺来削弱他的力量。比如听到他说"你再也找不到像我这样爱你的人了！"的时候，你可以微笑着回答"是啊！就是这样！"，同时伴以微笑。
14. 唯一的获胜之法就是退出这场游戏，使用无接触或本书提出的其他策略。

第八章

当受到情感伤害,我们如何自救?

> 爱情的游戏是危险的，总会有一方失去自我。
>
> ——夏尔·皮埃尔·波德莱尔
>
> （Charles Pierre Baudelaire）

有关因夫妻关系恶化而产生的纠纷甚至发生命案事件的报道层出不穷，其中很多案例中一方都为情感操纵者。如果你在目前的关系中看到了以下描述的迹象，那么表示你正处于严重的危险之中，请不要低估这种情况并立刻采取行动，只有这样做才有及时止损的可能。

由于遭受虐待的受害者通常是女性，所以本章内容主要针对女性受害者展开。但任何人都可能在其中看到自己（或身边人）的影子，请认真阅读以下建议，做到亡羊补牢吧！

死于爱情

2000年至2018年2月，意大利发生了近三千起受害者为女性的凶杀案，这简直可以说是"性别屠杀"：她们不幸地未能及时识别另一半的真面目，导致灾祸的降临。而真实数字远比机构统计的要多得多（说实话，意大利在这方面的混乱简直是反面教材），并且受伤甚至死亡的受害者人数每天都在增加。一些女性已经开始觉醒,或许是真正意识到问题非同小可,也或许是对对方的折磨忍无可忍,然而有时却为时已晚。

数据显示,三分之二的家庭犯罪案件中受害者都为女性,凶手是丈夫或前任伴侣。只有不到10%的凶手是陌生人。我们非常了解我们的"敌人",他们有打开家门和我们心门的钥匙,在进行身体暴力之前,我们的精神已经饱受折磨。

犯罪现场通常是在家中,尤其是在卧室。多年来我经常对这类犯罪场景进行解构分析,重构这些女性生命最后一刻的场景。丈夫们以日常用品如菜刀、皮带、手机充电器、擀面杖、靠垫、锤子、剃须刀等作为凶器,且绝大多数情况下,这些凶杀案都是有预谋的。只有不到2%的凶手是不具备民事行为能力的精神病患者,可以逃脱法律的制裁。

而对受害者来说,炼狱早已开始,被谋杀只是炼狱的最后一层。这些人,如果还可以被称为人的话,他们将伴侣与外部世界隔离,逐渐通过侮辱与身体暴力一点点摧毁她的自尊心,直到她自己也相信自己一文不值,出头无日,甚至相信自己遭受的殴打和虐待都是应得的,就像斯德哥尔摩综合征最悲惨的表现一样,她开始相信谋杀她的杀人犯是为她好,尽管是以一种可疑的方式,并随时准备原谅他。直到有一天,她的心脏停止跳动。根据国家统计研究所[1] 2007年的数据,超过90%的女性不会上报自己遭受过伴侣或前任的暴力。我们也明白,即使投诉也是徒劳无功的。2012年被伴侣或前任谋杀的124位女性当中,约有一半曾向警方报告过对方的暴力行为(包括虐待、跟踪、恐吓、性暴力),即便如此也未能将她们从水深火热中解救出来。

并不是只有停止呼吸才意味着死亡。有些人在一次次的侮辱、性暴力、虐待后,因恐惧、孤独、绝望和情感依赖而心如死灰,形如槁木。现实与我们从小接受的教育相反,有时,人也会死于爱情。

或许你觉得这些都是夸大之词,但当我分析悲剧的成因,总结案件犯罪手法时,发现有太多的男人将女性当成自己的附属品,假装爱得轰轰烈烈,而一旦女性鼓起勇气挣脱枷锁,不再自欺欺人地待在他们身边时,情感操纵者们便恼羞成怒,积怨成仇。

---

[1] 译者注:国家统计研究所,为意大利的国家级统计机构,是意大利最大的统计信息来源地。它的主要工作包括人口统计、经济普查以及一系列社会、经济和环境调查与分析。

没有人是无辜的

袖手旁观者即同谋。大家都觉得夫妻吵架,外人最好不要插手。所以当听到隔壁公寓的尖叫声和哭泣声时,便提高电视的音量;当看到受害者淤青的脸时,却置之不问,任由施暴者虐待他自己的妻子(和孩子)多年。然后某一天看到受害者的尸体,人们才真正意识到问题的严重性。操纵者和施暴者们正是利用这一点才能屡次三番得逞。

警戒信号

多年以来,研究人员已经总结了一些警戒信号,如果对方出现以下行为,说明你们的关系已经存在致命的风险:

·最重要的信号是屡次再犯:如果他们过去已虐待过你多次,那么再犯风险则会呈指数级增加。如果他们对前任也如此的话……大多数女性被杀害的案例都与这类男人有关。请在第一次受到他们的语言或身体攻击后便逃离,你已经明白了,这些人屡教不改,只会变本加厉。你宽恕他们的次数越多,他们便会越发残酷无情。我知道,承认自己选择了错误的人并不容易,并且到目前为止，我也很清楚这触发了哪些心理因素（也与原生家庭的期望有关），但是你必须努力克服这些情感障碍，摆脱困境，逃跑并谴责他们。

·当情感操纵者开始采取预防性措施（比如禁止你经常去某地，把你软禁在家，等等），便是拉响了刺耳的警报。我们知道，情感操纵者不遵守任何道德规范与法律规则。他们认为自己作为丈夫（父亲）有对伴侣（孩子）绝对的权力，此时唯一的解决办法便是让他锒铛入狱。

·杀人（和/或自杀）的威胁也值得我们警惕。如果对方威胁要杀死你或自杀，那么你已经到了百死一生的境地。情感操纵者穷途末路，只好选择用两败俱伤的方法来平息自己控制的欲望和对被抛弃的恐惧。如果他还说如"我会用电锯把你割成碎片""我掐死你""我会用锤子砸烂你的脸"，并且多次（甚至在第三者或者孩子面前）这样说的话，那么形势已然刻不容缓。

·酗酒和/或滥用毒品（尤其是可卡因），以及心理或精神疾病的困扰可能会进一步加剧该风险。

如果以上信号全部出现的话，那么说明你已命悬一线，必须立刻采取行动保障自己的安全。

为什么要杀人？

凶杀案是多重因素共同导致的结果。因此分析其背后的原因非常不易。

凶手习惯于在夫妻生活中实施暴力行为（身体、心理及性）：他们将伴侣和其他家庭成员视为释放压力的工具，压力来源于比如工作中的问题、财务危机，甚至是看球赛时没有坐到最佳位置、午餐太咸等，这都可能成为导火索。他们大多是婚姻生活之外的失败者，希望从对伴侣的控制上稍得慰藉。因此对他们来说，当被侮辱和殴打折磨多年的受害者决定（或威胁或真实地）离开时便是晴天霹雳，他们完全无法接受。所以他们要将对方杀死，以行使自己的最高控制权。

在大多数情况下，情感（或更恰当地说，是伪情感）上的嫉妒、占有欲，以及对权力和控制他人的病态的渴望是主要动机，以至于凶手无论何时何地都会虚幻地感知到伴侣背叛（或决定分手）的信号，认为对方的痛苦是罪有应得。

但是完全占有对方只是情感操纵者自己不切实际的幻想，伴侣不属于任何人，不爱了可以随时离开，开始自己独立的生活。因此，当施虐者万念俱灰地渴望一段完全排他的关系而不得时，谋杀似乎是控制即将逃跑猎物的唯一方法。

通常当凶手出于嫉妒而实施谋杀时，双方过去一定发生过无数次激烈的争吵。当然，也有其他原因（比如重要的经济利益或遗产纠纷，或凶手在一段时间内患有严重的精神疾病，比如严重的焦虑或抑郁症、情感障碍等）导致的谋杀案。伴侣的离开，无论是威胁性的还是真实的，都会成为他杀人的导火索。他不仅要杀死对方，还要杀死自己。凶手无法想象没有受害人的陪伴，独自一人面对未来的场景。这个死循环让加害者也变成了受害者，内心的脆弱成了他的致命弱点。

那么，我们真的可以"相爱相杀"吗？老实说，我不这么认为。或者更确切地说，我们可以为爱而死，但一定要出于对自己的爱。这种将对方纯粹物化，比如视对方为可以向别人炫耀的一套礼服或一块名牌手表，诉诸暴力来洗脱自己的挫败感，这种爱是脆弱的，致命的。

诸多因素共同导致了这种悲剧性的结局，比如凶手和受害者生活环境的道德约束、文化背景。但也有一些原因，我们百思不得其解：在"激情犯罪或情感犯罪"的标签下，凶手病态的情感和占有欲扭曲了自身的价值观，错误地判断了对方的重要性，脆弱、不成熟和依赖滋养着他内心深处凶残的恶魔，让他通过暴力来彰显自己的存在感。

撒谎的借口

情感操纵者变成了真正的施虐者(绝大多数),这是一系列案件故事的主题,在有关暴力侵害妇女的专门文献中被广泛描述。情感操纵者编造一系列谎言来为自己的暴行辩解,比如他们声称:

- 儿时遭受过虐待,或受过精神创伤:假的;
- 在过去的恋爱关系中经历了很多痛苦:假的;
- 只是因为太爱你:假的;
- 出于无知:假的;
- 一时冲昏了头脑,不知道如何控制自己的行为:假的;
- 有精神上的问题:假的;
- 吸毒或酗酒:假的;
- 缺乏自尊心:假的;
- 不懂如何处理与他人的冲突:假的;
- 有攻击性人格:假的;
- 厌恶女性:假的;
- 害怕失去控制,害怕对方离开:假的;

- 在工作中曾遭遇过不公对待：假的；
- 无法控制自己的怒气，自己也因此遭受了极大的痛苦：假的。

这些谎言广为人知却毫无依据，只是施虐者造谣惑众为其行为辩护的借口。必须毫无保留地与他们斗争，因为受害者们往往执迷于这些虚幻的谎言来挽救两人的关系。

现在，让我们来深入剖析其中部分借口。

儿时遭受过虐待

从科学的角度来看，虐待他人的行为与童年时期的遭遇毫无关联。但可以肯定的是，男性在童年时期遭受暴力后往往会在成年时将暴力发泄在其他男性身上，而不是女性。因此，这种说法毫无依据，仅仅旨在获取受害者的同情心，以便操纵过程更加顺利。不要相信这个故事、继续原谅那些恨女人的男人，甚至不要把它搞得神秘莫测。

对于那些视爱情为生命的女性来说，施虐者并不会因为她们的付出而改变，和所有的情感操纵者一样，他们只会变本加厉。某些情况下心理治疗甚至会带来相反的效果，为他们进一步的行为文过饰非。我们知道，对这些人来说，总是别人的错。

如果你正在与被动攻击型情感操纵者相处，那么他一定会编造自己有一段悲惨的童年经历，以骗取你的眼泪，赚得你对他的谅解与同情，然后更加肆意妄为地操纵你。他还会把童年的悲剧归咎于自己的母亲，使得你也无形中把责任转嫁到对方母亲身上，错误地认为这是造成伴侣有心理问题的主要原因。换句话说，受害者至少有一种"便利"的方式来为遭受的痛苦辩护，并挽救这段关系。

所以说，在大多数情况下，所谓的童年创伤只不过是他们编造的谎言。毕竟，如果情感操纵者的确亲身经历了他所讲述的这种痛苦，那么一定不会让别人重蹈覆辙。因此，施虐者的受害者理论显示出了它内在的局限性与不可靠性。

如果你的伴侣用童年时期的遭遇来为自己的暴行辩护，那么说明你已经站在了一名操纵者面前。

在过去的恋爱关系中经历了很多痛苦

这一理论也同样站不住脚。如果你发现自己的伴侣倾向于用他前任令他遭受的痛苦来为虐待和控制你进行辩护的话，你就要非常小心了。注意，他们经常谎称前任出轨，而自己是一个可怜的受害者，旨在降低他的暴力行径在你眼中的严重性。这是一种投射机制：他将自己的行为如背叛、限制对方个人自由、蛮横无理、操纵子女（如果有的话），甚至对簿公堂的行径投射到前任身上。

如果你的现任用这套说辞的话，那么有99.9%的概率表示他在说谎。如果他过去的确遭受过前任的虐待，那么一定不会让悲剧在你身上重演。被动攻击型情感操纵者普遍使用这种计策，即利用他人的保护欲来操纵别人的情感。

只是因为太爱你

情感操纵者说，我是因为太爱你所以才这样对你——这也是很多受害者在试图挽救两人关系时用的托词，从个人自由和自尊开始，牺牲了他们优秀的品质。

犯罪学家称这种借口为"高压锅原理"[1]，也就是说某人在积累负面情绪后不知道如何以合理的方式处理和表达，然后在某一瞬间不受控制地怫然而怒。实际上，情况恰恰相反，他们不是不懂如何表达自己的经历与情感，而是他们会狡猾地计算出何时以及如何自然而然地爆发情绪，何时点到为止，并要求每次爆发时（就算是鸡毛蒜皮的小事）伴侣和孩子都要第一时间对他们百般抚慰。每当受害者表现出一丁点儿独立自主时，所有的

---

[1] 译者注：直译为"高压锅原理"，未找到对应中文表述。

情感爆发都是有意为之,他们用不断的威吓使受害者退缩不前。这不是随机的,也不是自发的。这是一个剧本,当需要让受害者回忆起他的角色时,操纵者会系统地引用该剧本。

出于无知

将对女性的暴力行为与文化程度低、社会地位低的人,或曾患精神病的人联系在一起是一种刻板印象。如果你认为是这些男人在虐待女人,那你就错了。

实际上,我们都知道,全世界每个国家、所有社会阶层以及不同文化程度的人里都有情感操纵者,只不过最危险的人往往职业声望更高。这类人更擅长精神虐待,就像朱莉娅·罗伯茨(Julia Roberts)主演的《与敌共眠》中的波尼一样。

简言之,社会地位较高的施虐者往往依赖于精神操纵术,比如煤气灯操纵。

一时冲昏头脑

人们经常将自己的过错归咎于"一时冲昏头脑"。而事实恰恰相反,施虐者们通常十分清楚自己做到什么程度才能使受害者感到恐惧,同时还能避免产生法律纠纷。因此,他们通常会在伤害你到进医院之前就停下来,让别人以为这只是简单的夫妻吵架。实际上，他们从来不会失去理智，知道自己能做到什么程度，并且故意在清醒时这样做，目的是保持对受害者的控制。

这是他们价值观与信念体系的扭曲，而不是精神问题。从施虐者的角度来看，无论自己的行径多么令人发指，他们都认为其所作所为都是符合道德规范和法律规则的。就像所有的情感操纵者一样，他们认为受害者是自己的附属品，因此对对方有特殊的权利。他们有自己的是非观念，模糊善与恶的界限——这种扭曲的价值体系指导着他们的行为，也是他们中绝大多数人死不悔改的原因。这些人不认为自己有问题，正相反，而认为自己有充分的权利随心所欲。记住，这些人永远不会改变，只会变得更过分。我将一直重申这一点。

有精神上的问题

另一个需要注意的借口是：施虐者声称自己有精神上的问题，疾病治愈之时便会停止虐待行为。大错特错。绝大多数情况下（根据国际统计数据，这一比例约为96%），这些人并无精神疾病史，也从未表现出明显的精神问题，更多人属于自恋型人格障碍（详情见附录B）群体，即属于心理学定义上的所谓"正常"人群。

他们有清晰的逻辑思维，知道如何利用不同的暴力方式来控制对方,精确计算施暴时机、自己行为的严重性及后果。这些人在生活的绝大多数方面(比如工作和社会环境中)都表现得很正常,仅在家庭中表现出自己的本性。所以通常只有伴侣和子女才对他们的面具有确切的认知。所以只能说,他们在某些方面异乎寻常,比如价值体系扭曲,但心理还是正常的。

通常来说,真正患有精神疾病的人很少会虐待别人或走上犯罪的道路。也就是说,所谓的"正常人"要比精神病患者危险得多。所以请不要把疾病作为他们有意识、有逻辑的恶行的借口。仔细想想,他们声称自己患有精神疾病,却在其他社交方面(如与朋友和同事相处时)表现正常,只在家庭情感关系上出现异样。没有任何一种精神疾病是定时性发作的,他们只有在进入家门后才本相毕露。因此,几乎没有临时起意的谋杀。大多数凶杀案都是经过周密计划、有组织进行的蓄意谋杀。既然不是在和精神病患者打交道,我们就不能指望早晚会出现一种神奇的药,能把一个具有虐待性的伴侣变成一个忠诚和有爱心的伴侣。

吸毒或酗酒

与精神上的问题类似,酒精和可卡因不是导致虐待他人的原因,施虐者的人格品性才是罪魁祸首,酒精与毒品只是在一定程度上促进这种行为的发展。

缺乏自尊心

"厌恶女性的男人可能在童年时期曾遭受过女性的虐待"，这句话只是他们为自己辩解的一派胡言。他们普遍拥有刻板的父权文化观念，极其不尊重女性。这种性别优越感助长了这些人的嚣张气焰，而不是自尊心的问题。

所以不要试图帮助他们增强自尊心以逃脱虐待，这样做反而会得到相反的效果。他们期待得到皇帝般的待遇，受到你的服侍与尊敬，众星捧月般地高高在上，而这对他来说也还远远不够。所以当你开启这个恶性循环后，他们只会得寸进尺，更加贪得无厌。

所以，请不要在情感上娇惯他们，对他们有求必应，这只会让情况变得更糟。请清醒一点，预防是不可能的，正是因为这些人喜欢行使权力，喜欢从你的眼睛里看到他们情绪释放时所造成的痛苦。

不懂如何处理与他人的冲突

不要以为施虐者可怜兮兮，不懂如何与他人相处以及解决矛盾冲突。你现在应该明白，这就是他们的行为模式——对受害者颐指气使，独断专行。

遭受情感虐待的受害者尽管付出了多年的努力，却总是无法让伴侣做出改变。受害者不懂他的皱眉蹙眼,对他的为人处世无可奈何。因此,改变伴侣唯一的方法便是更换伴侣。

他们死性不改,根深蒂固的价值观与情绪问题、精神疾病、酗酒或吸毒毫无关联。没有什么神奇的魔法能让他们变成你心中幻想的白马王子,逆来顺受也不是避免他们发怒的方式。更清楚的是:你没有什么不好,除了你固执地想挽救一段没有理由继续下去的关系。

不可忽视的信号

以下警戒信号的出现说明你现在的约会对象会变成未来的操纵者,我已经谈论过多次了,你最好还是熟记于心:

- 以轻蔑鄙夷的态度谈论前任和过去的恋爱关系。
- 反咬一口说自己被前任跟踪或虐待。如果他所有的前任都说他喜怒无常、暴戾恣睢的话,那么事实可能的确如此。就算他承认过去曾对前任施加暴力,但也一定会把原因归咎于前任的挑衅态度。此类情节出现在你的故事中时请一定小心,这是二人关系即将激化的可靠信号之一。
- 说你与众不同,独一无二。请注意,这只是操纵的开始:当你表现出反抗时,他便会给你贴上普通人的标签,说你也不过如此,不值得他对你的爱。

- 把你和他的前任做对比，说你不够聪明、美丽、苗条或有趣。这也是表明二人矛盾即将升级的重要信号之一。
- 过去恋爱的失败永远都是对方的过错，他从不承担责任，承认错误。在你们的关系结束后，他下一个要怪的人就是你。
- 一有机会便羞辱你，或者在公共场合嘲笑你。
- 总让你感觉欠他人情，然后利用这一点向你提出无理的要求。这些人非常擅长利用别人的愧疚感进行操纵。
- 逐渐插手你生活的方方面面：朋友、家人、工作和休闲时间。
- 对你的着装指指点点。
- 对你的家人、好友、同事等非常挑剔。
- 逐渐将你与周围环境隔离，比如强迫你辞职或与朋友家人绝交。
- 要求你在政治或宗教观点、音乐品味等个人审美上与他完全一致。
- 以"太爱"之名表现出很强的占有欲。
- 视奸你在社交网络上的一举一动，要求你告诉他全部个人账号的密码。
- 在所有人际关系中都逃避承担责任，他永远都没错。
- 从不倾听他人的发言，总要把聊天主题转移到自己的身上。
- 毫不尊重你的意愿强行发生性关系，以彰显自己的掌控权。

- 将女性视为满足性欲的工具。
- 仅在两人关系发展早期与你如胶似漆,规划未来。
- 利用恫吓来让你顺从。
- 宽于律己,严于待人。
- 对你人前一套,人后一套。
- 将自己描述为你的"救星",声称他将改善你的生活,治愈你的伤口,并缓解痛苦。

我真的落入虐待者手中了吗?

为了确定你是否正在和虐待者打交道,请回答以下问题:
- 你有没有怕过他?
- 你是否失去了与家人朋友的联系?
- 你有没有安全感?
- 你是否会对自己、对自己的想法和记忆产生怀疑?
- 当他指出你的不足时,你总是认为他有道理吗?
- 你是否经常感到被贬低,不知所措?
- 你是否总是防范着他的冒犯,避免与他争吵?
- 无法理解他真正想要的是什么?尽管你竭尽全力满足他的要求,但你总觉得自己无能为力,问题总是出在自己身上?

- 他是否曾阻止你出家门，或把你锁在家里？
- 他有没有对你动过手？
- 他是否曾威胁过要伤害你？
- 他是否曾威胁过要杀死你？

如果以上大多数问题的答案都是肯定的，那么可以确定的是，你已陷入了一段充满虐待与操纵的毁灭性情感当中。一旦你意识到这一点，就要决定下一步怎么做。

完美受害者

施虐者和情感操纵者相同，都对敏感脆弱的女性欲罢不能。她们的脆弱通过不同的形式表现出来，有利于操纵者对她们施行绝对的掌控权。他们通常会捕猎社会地位与自尊心较低的女性，这种女性倾向于将他们理想化，认为他们是"全能的神"。要非常小心，因为未来的施虐者会被在恋爱中遭受情感创伤或虐待、丧亲或患上重病的女性深深吸引。以一种无法抑制的方式吸引这些施虐者的是脆弱性，因为它代表了行使权力的"通行证"（我将在第十章中讨论）。

第九章

10步摆脱情感操纵

读到本章,你应该能够识别情感操纵者的真面目,明白如何避免落入他们的圈套了。现在,只差最后决定性的一步——逃离他们的魔爪,我们便能真正获得自由。

但唯一的前提是:你必须发自肺腑地想要迈出这一步。本章中的建议只有在你真的决定摆脱情感操纵者时才能见效,无论他看起来多么痛苦。就像从心底里意识到毒品的危害是瘾君子戒毒的第一步一样,只有你真心想要摆脱情感操纵者,本章的建议才能卓有成效。

退避三舍无疑是最有效也是唯一的解决方案。下面的建议将帮助你付诸实践。如果两人的接触在所难免,那么以下策略起码可以帮助你在精神和情感上远离对方,打破情感操纵者与你建立的恶性循环。

以下十项退出策略实际上围绕三个关键词展开:

- 自主,即重新掌控自己对生活的主导权,达到经济独立是必须的;
- 自尊,即学会爱真实的自己,恢复从前的兴趣爱好,做一些让自己感觉良好的事情;
- 自信,即坚持自己的想法,相信自己。

1. 承认自己的情感依赖问题

如果你不承认的话,那么后续步骤对你毫无用处。可以说,是受害者在某种程度上授权情感操纵者开始了这场游戏,他感知到了受害者的脆弱;而你必须认清你的脆弱之处才能真正地获得自由。如果受害者是与你关系亲近的人的话,那请帮助他们认识到自己的情感依赖倾向。

2. 明确目标

只有头脑清晰、目标明确才能取得成功。而你的目标只有一个:干脆利索地摆脱情感操纵者。知之非难,行之不易,初期一定程度的痛苦无法避免,你必须喝下这杯苦涩的酒,忍受内心空虚的感觉,而这种感觉可能会持续几天。好消息是,如果你能在第一周内忍住不联系对方,那么接下来的步骤便能更顺利地进行。

3. 说服自己别无他法

照着镜子大声说:"他不会改变的,他从来没有关心过我,我必须停止像脚一样被对待。"感情是相互的,而与情感操纵者的感情只存在于你的幻想之中。你的爱是单向的,这一点永远不会发生改变,除了你,没有人可以拯救你自己。

想知道对方是否意识到自己对你造成了伤害?答案是肯定的——他不仅意识到了这一点,甚至还对此沾沾自喜。每当恋旧(或者更清楚地说,禁欲)开始时,千万不要停止大声重复上面那句话。

那么他还想要挽救两人的关系吗?——答案是否定的。同样,无论何时需要,你都要大声说出来。原因很简单,现在你也已经明白:情感操纵者禀性难移,只会变本加厉。对于他来说,你只是一台满足他对权力与掌控权的渴望的情感机器,他沉迷的只是玩弄这台机器,而你的情绪、需求与恐惧都不值一提。对不起,这听起来很残酷,但是这正是我们必须谈论的。

4. 不要感到愧疚

不要为自己想逃离的想法感到愧疚:你已经竭尽全力试图挽救两人的关系了。你曾经相信他真的会改变,而他从未改变。现在你必须面对这个事实:再给他多少次机会他都依然执迷不悟,只有你会付出高昂的代价。现在是时候结束两人的关系,开始新生活了!

5. 向专家寻求帮助

为了抵消光环效应,也就是说,暗中希望这段关系中还有值得留恋的地方,我建议你咨询专业的心理学家或心理治疗师。因为当操纵行为发生在亲密关系中时,当事人可能无法从正确的角度审视二者的关系,识破对方的精神虐待,或者以为两人的感情还有一线生机。退一步说,就算亲戚朋友给当事人敲警钟,他们也可能置之不理。因此需要专业的人士来了解整体情况,为你进行客观理性的分析。

为了有效处理两人之间微妙的关系,请咨询在情感操纵与情感依赖领域经验丰富的专业心理学家,缺少这方面经验的人可能会让现状雪上加霜。不要寄希望于那些没有必要的技能,甚至连心理学家或心理治疗师的专业资格都没有,以神话般的知识自夸的从事这一领域工作的人。赌注真的很高:我们谈论的是你的人生,所以不要给业余爱好者愚弄你的机会,不管他们的动机多么美好。

6. 不要独自一人

选择一位做事果断、能够抵抗情感操纵者纠缠、依赖信任的人来摆脱现状。至少在最初的两个星期,你会出现一定程度的"戒断反应",每当你忍不住给对方发消息或打电话时,旁边需要有一位"临时心理辅导员"看着你。

7. 学会说不

你必须学会赢得尊重,零容忍所有冒犯你的态度和行为。对你在人际交往中的"平衡"进行重新定义,抛弃所有(不仅是和情感操纵者之间)不对等的关系——权力向对方倾斜,他可以在一定程度上对你产生影响,支配你的生活。

设置自己的底线,一旦确定了,无论是谁都不可逾越。这一步意味着你的自尊心正在逐渐增强,你终于可以在隧道中看到一缕光线。你必须确定对方能和你走多远,并且清楚地划出你不再愿意被僭越的界限。

8. 有自己的生活

你必须做一些自己喜欢并且真正感兴趣的事。只有将重心放在自己的需要和规划上才能重建自尊。

你必须开始重新相信自己。从征服日常生活中的一件件小事开始,逐渐积累信心,直到能够决定自己的人生关键问题。在此阶段采取小步骤至关重要。

开始问自己:我需要什么?我渴望什么?我不喜欢什么?为什么我不信任自己,不相信自己的决定?我的人生信念是什么?你必须树立自己的价值观和原则。这一步对于找回对自己的信任至关重要。找到自己的兴趣,培养自己的爱好,摆脱那段所有生活都围绕情感操纵者转的日子。

学会爱护自己,这会让你感觉良好:看一场电影、散散步、读书、运动、与朋友谈心、换个新发型、做一次美容,或在你最喜欢的餐厅吃晚餐,照顾好自己,每天送给自己一份小礼物。

不要有任何负罪感,因为想要过一种充满幸福感的生活和对自己有良好的评价是没有错的。你可以这么做,不要因为害怕被抛弃而躲起来。

9. 不要过度期待他人的认可

学会欣赏本来的自己,关注自己的优点。你不需要总让别人对你的行为提出意见,也不需要通过他人的认可来定义自己。我们被教导如果害怕被人拒绝,要迎合我们认为重要的人的思想和行为,只有这样做才能拥有归属感。然而其实这些都是依赖他人的表现，这种依赖逐渐成为我们沉重的负担，请卸下包袱，轻装上阵吧！

10. 你是独立的个体

关键在于自立！你要竭尽所能把自己放在一个不必依赖对方的位置，实现心理和经济上的独立。如果没有竭尽所能，那么任何人都不会得救。情感依赖通常以经济依赖为基础。因此，若想恢复自由，就必须避免把精力浪费在挽救二人的关系上，要实现全面的独立——学会独自经营你所拥有的全部资源，尤其是金钱、事业与时间，直到无须依赖任何人也可以维持自己心理与经济独立的状态，找回真正的自我。

至此，你就可以摆脱情感操纵者的束缚，享受新生活。即使你摆脱了折磨你的人，也请睁大眼睛：如果你发现周围有其他情感操纵者，请将其拒之门外。

如果受害者是亲近的人怎么办？

请注意，结束关系的决定权在受害者手上。在他们没有真正做出决定之前，强迫他们只会导致行动失败。受害者不仅会以为你居心叵测，想将他们与自己心爱之人（情感操纵者）分开，甚至会加强与情感操纵者的联系，对情感操纵者更加依赖。如此便导致未来摆脱困境的难度大大增加，让受害者万念俱灰。

这并不意味着你要坐以待毙，而是要尝试与他们交谈，帮他们认清客观现实，比如指出他脸上的淤青或试图遮掩的伤口，让他意识到，他的情况越发糟糕。向他指出，他已不再外出，在社交圈中消失，每次见面都比上一次更加憔悴。简言之，要让他明白，虽然他希望每个人都坚决相信他过得很好，但很显然他的表现并不理想。

如果他愿意听你的话，并表达了想要逃离噩梦的意愿，那么你可以建议他咨询这个领域专业的心理学家、心理治疗师，但是绝对不能在未获得他同意的情况下帮他提前预约：他要自己迈出这一步，没有人可以替代。最重要的是，要以最高机密的级别帮助他：如果在此阶段情感操纵者发现蛛丝马迹的话，那么可能会产生非常严重的后果。

另外，如果受害者为对方的谎言辩护，或表现出犹豫不决的态度，迟迟不肯采取行动的话，请不要强迫他。过一段时间以温和的方式重新切入正题。如果你真的想帮助他，请点到为止，不要把他逼到墙角。

最后，如果出现了明显的身体虐待的情况，你要及时干涉，避免出现更糟糕的情况。法律是允许第三方提出投诉的。但在这样做之前，请做好心理准备：受害者可能会更加决绝地站在施虐者的角度，拒绝你的一切帮助，使情况更加恶化。

第十章

受害者素描：什么样的人容易被操纵

没有爱能填满不自爱者内心的空虚。

——约翰·列侬（John Lennon）

我该如何结束这一切？

请诚实地面对自己的内心，回顾自己是如何一步一步落入陷阱的，避免将来重蹈覆辙。

外在表现敏感脆弱的人更易成为狩猎者们的目标（还记得可以闻到几英里外血腥味的鲨鱼吗）。这些人可能遭受过情感创伤、缺乏自尊心，或仅仅是暂时处于某一段艰难时期，种种因素都可能导致个人产生依赖型人格障碍。他们依赖别人，在他人身上寻求情感寄托以及对自己的肯定，无论受到多大的痛苦都无法摆脱。

请注意，本章内容适用于所有类型的情感关系，比如家人、朋友、同事以及情侣。

完美猎物的形象

一般来说，情感操纵者偏爱狩猎性格懦弱的人，因为他们易于操纵，更容易受到他人的影响。一般而言，这些人具有以下典型的"猎物特征"：
- 总希望留给别人一种积极友善的自我形象；
- 渴望获得他人的认可；
- 缺乏自尊心和自信心；
- 渴望与他人建立亲密关系；
- 有很强的同理心，对他人关怀备至；
- 想通过照顾或设法改变对方来获得掌控权；
- 存在一定程度的狂妄自大，认为所有人都只依赖于他；
- 害怕失去对方；
- 不断地向他人寻求认可，寻而不得的话便裹足不前；
- 患有依赖型人格障碍（详情见附录B）；
- 极度敏感；
- 情感脆弱，没有安全感；
- 讨厌孤独，害怕独处；
- 害怕被抛弃；
- 易将他人理想化；
- 寻求周围人的认可和保护；
- 害怕让周围的人失望；
- 害怕不值得被爱；
- 害怕被忽略。

由于自尊心低下，抑郁症患者也很容易成为操纵者的目标。

情感依赖

情感依赖（或称"爱情成瘾症"）指将过多个人情感寄托于另一人，非常害怕被抛弃，表现出完全顺从的行为，这些特征超出一定程度后便发展成为依赖型人格障碍。情感依赖的典型表现是：
- 在没有他人的保证和建议的情况下便难以做出决定；
- 倾向于将自己的责任推给他人；
- 害怕受到非难与异议；
- 没有外界帮助便难以将计划付诸行动；
- 极其需要别人的帮助与支持，为了避免非议，甚至会听从他人强加于己的意见；
- 独处时感到脆弱无助；
- 上一段关系结束时便迫不及待地寻找下一段；
- 杞人忧天，担心自己被抛弃，无法照顾好自己。

情感依赖从何而来？

许多科学研究表明，某些诱发因素可能会导致人们产生情感依赖。具有以下特征的人更易表现出症状。

童年时期遭受情感创伤和虐待。父母求全责备，疏于照料子女。他们未能从家庭关系中（尤其是母亲，或承担母亲角色的女性那里）获得对情感需求的回应和安全感。有过这种经历的人离开伴侣便无法生活，他们认为夫妻无论做何事（比如工作或出入社交场合）都应该成双成对，否则会有被抛弃的感觉，觉得对方不再像以前那样爱自己。

容易生活在幻想中。患有情感依赖的人普遍具有分离性障碍，倾向于躲避在田园诗般的幻想世界中。每当和伴侣产生矛盾，便替对方编造一系列不切实际的借口。比如，伴侣总是不在身边，便对自己说他是忙于拯救世界所以才见面困难。

难以管理和调节情绪。他们普遍情绪波动较大，其情绪取决于对方当前表现出的情感及配合程度。

症状表现

以下为情感依赖的典型症状。患者的思维、情绪、行为，甚至心理与身体健康都会受到影响。

思维

从认知角度来说，陷入情感依赖状态的主要表现为：

- 所有的思维都集中在爱慕之人的身上；
- 无法专心过好自己的日常生活；
- 不知如何度过与爱人分开的时间。

情绪

从情感角度来看，可能会感受到以下情绪：

- 心情在狂喜与暴怒间快速波动；
- 经常敏感焦虑，害怕被抛弃；
- 有深深的孤独感，认为失去对方的话，自己的生活便毫无意义；
- 所有的情绪完全受他人的行为影响；
- 整个世界在他面前仿佛都黯然失色。

行为

某些行为表现是陷入情感依赖的征兆，其中的冲动行为包括：

- 不停地向情感操纵者发信息、打电话、发邮件等，虽然经常收不到回复；

- 做决定之前必须先询问他人的意见;
- 必须知道对方现在和谁在哪里,正在做什么,为什么不回复;
- 两人不在一起时不让对方与其他异性接触;
- 在恋爱中逐渐与外部世界隔离;
- 一直在等待情感操纵者的信息。

身体与心理症状

密切关注一系列身体与心理症状是有好处的:

- 出现睡眠障碍与惊恐障碍;
- 离不开手机,害怕没有收到情感操纵者发来的消息或打来的电话;
- 看到对方淡淡的一句"你好"也会陷入狂喜;
- 无法正确评价对方的行为;
- 出现戒断反应。情感操纵者操纵过程分为三个阶段——理想化、贬低和抛弃(尽管只是暂时的)。这种行为导致受害者激素(尤其是多巴胺,去甲肾上腺素、催产素和血清素等在爱情轰炸阶段增加的激素)的分泌急剧下降,产生典型的戒断症状如易怒、焦虑、注意力不集中、精神错乱和抑郁。情感依赖与暴饮暴食、酗酒、赌博无异,它们的触发机制都是相同的。你表现得越焦虑，越拼命尝试与对方联系，赋予他的掌控权就越多，就越容易陷入痛苦的深渊。

情况到底有多严重？

如果你身上出现以下至少三分之一的症状，那么问题已经不容小觑、迫在眉睫了：

- 现在已经意识到自己处于一种不健康的关系中，但是无意中止这段关系。
- 发现自己经常会对朋友和家人在两人的关系上撒谎。
- 避免与亲戚朋友见面，以免他们发现不对劲之处。
- 爱吃醋，总怀疑对方背叛了你。
- 监控对方与外界所有的联系。
- 对方手机不在身边时，控制不住偷看他的短信，猜测哪些可能是他的女性发展对象。
- 想到可能会被抛弃便会产生强烈的焦虑情绪（甚至惊恐发作）。
- 他的言行会影响到你一整天的情绪。
- 未能满足情感操纵者的期望时，会感到难过沮丧。

- 开始相信算命占卜学，以抚慰自己对被抛弃、背叛潜在可能的焦虑。
- 甚至会产生自杀的念头，认为自杀是一劳永逸、对双方都好的方法。
- 将自己的生存权、选择权和决定权交到别人手中。
- 为满足情感操纵者的要求，准备好放弃自己的一切。
- 在两人恋情结束后的几个月，还希望能复合。
- 坚信只有爱得轰轰烈烈才能获得幸福。
- 期待一见钟情，倾向于将自己喜欢的人理想化，否认对方存在缺点。
- 所有的思维都集中在避免被抛弃上。
- 在与对方聊天时无法抓住重点，认为对方总是有道理。
- 没有个人空间，无法培养自己的兴趣爱好。

我重申一下：避免以任何理由采取任何形式的接触，远离对方是唯一的对抗之法。情感操纵者不想放手，不管他对你有多坏。这就是为什么这个建议看似激进，但实际上是通往自由的唯一途径。有时从情感依赖发展到真正的依赖型人格障碍，可能只有一步之遥。

依赖的多个变种

作家兼顾问苏珊·皮博迪（Susan Peabody）在她的著作《爱情上瘾症——克服爱的痴迷与依赖》（1989年）中，根据患者的情绪特征及行为表现对情感依赖进行了分类[1]。

- 共依存型爱情成瘾（CLA，Codependent Love Addict）。这是最常见也最易识别的类型。患者通常缺乏自尊心，思维刻板，行为可测，想让对方也对自己产生依赖。比如他们会尽全力照顾对方，接受伴侣暂时的离开，容忍他的虐待，希望某一天能得到回报或至少不被抛弃，有被动攻击倾向。他们的行为中隐藏的信息是："你可以为所欲为，而我会一直在这里等着你"（接下来我们将会详细讨论这种类型）。

- 痴迷型爱情成瘾（OLA，Obsessed Love Addict）。他们离开另一半便无法生活，就算对方在情感或性方面无法满足自己也不愿分开。患者通常以自我为中心，不苟言笑，难以沟通，横行霸道，有虐待倾向，依赖于两人关系之

---

[1] 原注：以下内容节选自苏珊·皮博迪作品《爱情上瘾症——克服爱的痴迷与依赖》（十速出版社，伯克利，1989）和《爱成瘾者和爱逃避者康复手册》（十速出版社，伯克利，1989）。

第十章 受害者素描：什么样的人容易被操纵

外的其他事物（如酗酒、吸毒、性、赌博、强迫性购物等）。

- 关系成瘾（RA，Relationship Addict）。与其他情感依赖类型不同，就算两人的爱情已经损害到患者的身体与心理健康（如遭受对方虐待或人身威胁），没有丝毫爱情留存，患者也无法放弃两人的恋爱关系。他们对独处感到恐惧，害怕改变，不想伤害或离开他们的伴侣。一句话概括为："我讨厌你，我鄙视你，但请不要让我一个人。"

- 自恋型爱情成瘾（NLA，Narcissistic Love Addict）。是的，受害者本人就是情感操纵者，只不过程度上有所减轻（如果你认识到自己属于这一类的话，那我建议你基于这种意识重新阅读前几章的内容）。自恋型情感操纵者通过引诱来掌控对方，与只要不结束关系便能忍气吞声的共依存型患者不同，他们无法忍受别人对自己的任何干预，用表面上的狂妄自大来掩盖自己的自卑。乍一看他们好像对两人的感情无动于衷，但当伴侣正式要求分手时，他们伪装的面具便会被揭下。当他们竭尽全力避免这种结局时，可能会变得非常有攻击性，甚至表现出虐待倾向。正如我之前提到的那样，情感操纵者与受害者的依存关系是双向的，即便它们的含义截然不同。在这种情况下，依赖者发出的信息是:"除我以外,你不可有别的神。"
- 矛盾型爱情成瘾(ALA, Ambivalent Love Addict)。患者通常表现出回避型人格障碍的典型特征(详情见附录B)。他们积极地寻求亲密关系,却对这种关系感到恐惧。他们可以接受离开伴侣,却无法独自生活。这种类型的主要特征是情感矛盾:永远徘徊于亲密与疏离之间,这种矛盾又加深了患者的焦虑。简言之,"请和我在一起,但不要离我太近"。矛盾型爱情成瘾者又可以分为以下几类:

火热追求者:执着于追求求之不得的人。即使对方不理不睬、一无所获,他们也会产生幻想与错觉。他们可能会选择继续积极争取或默默忍受痛苦。

破坏者:在开始认真对待两人感情时,或者当体验到对亲密关系的恐惧时,他们就会破坏这段关系。破坏可能发生在任何时间:比如第一次约会之前或之后、第一次发生性关系之后、当他们害怕做出承诺时。

忽冷忽热者:只有在需要陪伴或性时才会找其他人,感到焦虑不安时便拒绝他人的感情、性等。与那些选择最终结束关系的破坏者不同,这些人会继续重复可用或不可用的关系模式。

浪漫依赖型：同时对多人在不同程度上产生依赖。目的在于避免与另一方进行更深层次的了解与接触。这种类型与性成瘾者相似，只不过后者会避免两人产生除性关系之外的所有联系。

共依存型

以上列出的种种情感依赖类型中，共依存型是最主要也是最常见的类型。那么，患有共依存型爱情成瘾的人具有哪些性格特点呢？

过度关心与照顾他人（甚至达到警惕的程度），只有这样才能让他们自我感觉良好。看似体贴入微，实则是一种控制他人的方式。他们不仅以这种方式对待伴侣，甚至对子女或朋友都会这样表现。

他们一贯的座右铭是"我会拯救你！"，不知疲倦地帮助他人。这种救世主的角色逐渐成为共依存型患者的主要人格，没有被拯救者，他们便会感到情感上的空虚和寂寞。

自尊心低下，只有在照顾他人时自尊心才会得到满足，感觉自己值得被爱与关心。他们行为的隐含信息是："我会拯救你的，所以我值得你的爱。"

表现出强烈的建立共生关系的倾向。由于他们只有在帮助他人时才能感受到自己的存在感，所以很快便会对另一半产生依赖。而两人在一起的时间对他们来说远远不够，他们渴望获得关心的欲望会越来越强烈，最后甚至发展到两人分开几天也无法忍受的程度。

无论对方犯了什么错误，自己遭受过何种虐待，共依存型患者总想维持对方理想化的形象，倾向于将伴侣所有的过错与责任都归咎于自己。这也是情感操纵者最喜欢的猎物特质。

总是全心全意地去满足他人的需求，甚至忽视自己的想法。只有这样才能摆脱自己无边的空虚感。

倾向于选择有人格障碍的伴侣，尤其是吸毒、酗酒等成瘾的人，以维持自己"救赎者"的角色，以照顾之名控制对方。

喋喋不休地谈论另一半，或在两人恋情结束很长时间后依旧迷恋对方。

在情感和身体上与伴侣保持紧密联系，我将此称为"考拉策略"，即没有对方便感到沮丧焦虑。

共依存型爱情成瘾是一种心理状态，在男女身上出现的概率相同。

第十章　受害者素描：什么样的人容易被操纵

情感操纵者的大网

现在我们站在受害者的角度，回顾第四章中和情感操纵者相处的几个阶段的内容，以进一步说明对情感操纵者逐步建立情感依赖的过程。

当情感操纵者感觉到他在受害者的生活中、心里及头脑中变得与众不同，受害者将永远地感激他，特别是因为受害者与他在一起而拥有了美好时光时，他操纵受害者的过程便开始了，这将引导受害者对他建立一种情感上的依赖。受害者将为那短暂的美好付出高昂的代价！

情感依赖的发展阶段与赌博成瘾非常相似：首先要让玩家取得一定程度的胜利，产生愉悦感，然后这种愉悦感对大脑带来的持续性刺激很快便升级成瘾。即使是在输了之后，为了重新体验到那种兴奋感，玩家也会选择继续玩下去，此时的他们已对赌博欲罢不能。最初与情感操纵者相处时，一切都看似幸福美满，受害者相信天长地久，海枯石烂。然而就像赌徒一样，受害者要用自己的时间、精力和感情下注才能再次体验到那种愉悦感。

情感操纵者们对此炳若观火，明白这一步对于奠定自己的掌控权至关重要。一着不慎，满盘皆输。他必须让受害者产生疯狂的迷恋，自己却不做出长久的承诺。他也知道，不必花费太长时间,平均三到四个月的时间已足够将受害者俘虏,让受害者变成自己手中的提线木偶。

受害者对他产生的依赖越多,他对受害者便越肆意妄为:他可能会毫无理由地消失很长时间,打电话不接,只在自己需要时才回复;态度冷淡,不恪守承诺,在受害者指出这些时勃然大怒;表现出病态的争风吃醋,虽然是他自己几周都没有露面;阴晴不定,因为鸡毛蒜皮的小事也会疾言厉色。和他在一起,受害者觉得自己就像在坐过山车,在动荡起伏中越发焦虑沮丧。

如果未能把握实际情况的危险程度,立刻中断所有接触的话,就会陷入真正的情感依赖地狱。受害者孤注一掷地寻求对方的认可,一叶障目地认为他完美无缺。他深深地影响了受害者,最重要的是,无论付出什么代价,受害者都不愿意放弃。因此,受害者倾向于最大限度地放大对方的优点(受害者所认为的),对他的所有缺点视而不见。用这种扭曲价值观的方式,拒绝直面对方忽冷忽热的行为给自己带来的伤害。在这个阶段,受害者被戴上情感的枷锁,逐渐陷入真正的情感依赖当中。此时,受害者开始认为自己才是情感操纵者态度逐渐冷淡的原因,所以被动地接受他所有的要求,以挽回这段感情和他的关心(实际上是受害者幻想的)。受害者所有的想法都集中在该如何满足对方的要求,以免被他抛弃上面。虽然感到越来越不适,但这种关系已经建立,受害者已无法改变。

而情感操纵者对受害者的痛苦无动于衷。受害者的主动积极(如赞美、关心、送礼物、陪伴)或是负面回应(如冒犯、批评、威胁)都是他的养料,他的重中之重在于确保自己处于受害者内心世界的中心。

情感操纵者的操纵模式固定,因此了解操纵的各个步骤对避免落入陷阱至关重要。

情感依赖恶性循环

情感操纵者与受害者之间的情感依赖恶性循环分三个不同的阶段展开:

1. 一旦开启情感依赖恶性循环,受害者会花费大量精力来避免凭空想象的被抛弃的焦虑和痛苦。而情感操纵者正是通过受害者痛苦的程度来衡量自己对受害者的掌控权。

2. 为了重拾最初的甜蜜,受害者会将恋爱中所有问题的责任都归咎于自己。受害者会妄自菲薄,对他唯唯诺诺。这使得操纵者越发妄自尊大,权力日益增大,而受害者却感到自己一无是处，自尊心崩塌。为了维护对方的理想形象，受害者开始认为对方所有的虐待行为都合理，把自己与外界隔离开来，以避免向其他人解释自己无法解释的问题。

3. 在这一点上，我们可以说情感依赖是一种病态的关系，它缺乏双方情感与情绪上的相互性，一方慷慨地给予，而另一方只知道索取，不知道付出。一旦这种情况时有发生，恶性循环便很难打破。

慢慢地，受害者会开始采取一系列行动来最大限度地避免惹对方生气。如果对方说受害者的呼吸打扰到他的话，那么受害者便会毫不犹豫地走上轻生的道路！

现在，如果你在自己身上看到了我所描述的这些吸引情感操纵者的特征，那么我建议你向心理专家寻求切实有效的帮助，这也是本书的目的所在：为你擦亮眼睛，让你看清自己的内心与混乱的外部世界。

我们面对的,是一群举止看似正常实则没有灵魂的行尸走肉。

——克里斯托弗·博拉斯